LA AFECTIVIDAD HACIA LAS MATEMÁTICAS

Mª Dorinda Mato Vázquez

A Coruña 2014

ISBN: 978-1501072307
Editorial Netbiblo

"La función de un profesor no es enseñar, es generar ideas en la mente del que aprende y escuchar a todos y cada uno de sus alumnos, ya que todos tienen algo válido que aportar".

José Antonio Fernández Bravo

*(Para evitar redundancia y complejidad en la lectura, usaremos las palabras "niños, alumnos, profesores, maestros..." para designar también a: niñas, alumnas, profesoras, maestras...; respectivamente).

*(Utilizaremos las palabras "maestros, profesores, docentes indistintamente...).

Prólogo

La cita de Fernández Bravo nos da pié para comenzar a hablar de afectividad y emociones. No tenemos ideas brillantes en momentos de ansiedad y angustia y si queremos encontrar la solución a nuestros problemas, necesitamos reposo y tranquilidad. Del mismo modo en un aula, cuando un estudiante se siente preocupado por lo que está sucediendo a su alrededor, no es habitual que de su mente surjan ideas útiles o que sea capaz de establecer las conexiones necesarias para que suceda un aprendizaje.

Tampoco en ese entorno hostil es fácil que el docente pueda escuchar a ese estudiante, ya que no hablará y no tendrá lugar una verdadera comunicación.

La investigación acerca de las actitudes, las creencias y las emociones en matemáticas, está cobrando valor a lo largo de estos últimos quince años. En todos los sectores, tanto en revistas nacionales e internacionales, como en los congresos específicos de investigación en educación matemática, los trabajos relacionados con la afectividad y la ansiedad en matemáticas están aumentando su presencia.

Es este un terreno donde ha costado mucho alzar el vuelo. Las líneas tradicionales de investigación se consideraban muy asentadas ya y había una consideración un poco inconsciente de que debíamos centrarnos en las actividades de aula, en la secuencia de contenidos o en el desarrollo cognitivo. Ha habido una distinción bastante rígida entre la consideración del estudiante como un ser que aprende matemáticas y un ser con sentimientos y sensaciones frente a esta materia o hacia el docente que se la comunica. Y ahora es momento de mirar a este otromundo y de llevar al aula no solamente todo aquello que la investigación nos muestra sobre los entresijos de cada uno de los conceptos que han de ser mostrados, sino también lo que sabemos ya de los problemas afectivos que impiden o alteran la percepción y el conocimiento de esos mismos conceptos.

El trabajo de Dorinda Mato que tenemos aquí, resultado de varios años de investigación y estudio sobre estas realidades, meditados y reflexionados tanto desde el lugar de profesora de matemáticas en diferentes niveles educativos, como de investigadora y observadora de estas realidades, es una gran ayuda para que los docentes puedan conocer la importancia y el alcance de ciertas situaciones que aparecen o pueden aparecer en sus aulas y también para proporcionarles algunas herramientas necesarias para abordarlas y poder enfrentarse a ellas abiertamente y con confianza.

Enrique de la Torre Fernández

ÍNDICE

INTRODUCCIÓN

Una de las causas más frecuentes de frustraciones y rechazo que hay hacia la escuela son las Matemáticas porque para muchos escolares suponen un conocimiento complejo que genera sentimientos de intranquilidad. Las clases les resultan difíciles y aburridas, se sienten inseguros para resolver problemas, se bloquean y lo pasan mal ante la presencia de todo lo relacionado con las Matemáticas. Es tal el malestar que produce en algunas personas que pueden llegar a sentir angustia, náuseas, nervios y ansiedad durante toda su vida.

Expresiones como: "las Matemáticas no son lo mío; yo soy de letras, no entiendo de números" pueden ser reflejo de lo que estas personas han experimentado en los años escolares respecto a esta área de conocimiento; incluso muchos estudiantes, con gran capacidad, competentes y con un alto rendimiento en otras materias, reniegan de los contenidos que tengan que ver con esta asignatura.

Por otro lado, para muchos educadores, supone una insatisfacción y desencanto enseñar estos contenidos porque los resultados de sus alumnos no se corresponden con el trabajo y esfuerzo realizado por ellos.

Además, hay docentes en Educación Infantil y Primaria que no se encuentran a gusto con las clases de Matemáticas; es decir no esperaban, o mejor preferían no tener que enseñar esta materia a sus alumnos. Son profesionales a los que nunca les han gustado, "escaparon" de las Matemáticas en el Bachillerato y en su carrera; y se encuentran en la escuela, al frente de una clase, faltos de conocimientos y estrategias, con desgana e incapaces de inculcar agrado y motivación a sus alumnos. Estos profesores no pueden desarrollar en sus niños capacidades Matemáticas ya que no reúnen las condiciones necesarias. También pasa en Secundaria con docentes con conocimientos insuficientes en Pedagogía y Didáctica que, con frecuencia, culpan a los alumnos de falta de comprensión, desmotivación, poco trabajadores y carentes de atención.

El problema no siempre es de los estudiantes, ni siempre es de los profesores. Para hacer Matemáticas tiene que crearse, primero, lo que María Antonia Canals (2009, p. 19) llama "hilo o itinerario didáctico", que como ella dice es personal y muy largo de formar. No se trata de dar información, sino "construcción del saber matemático", y se cimienta relacionando la propia experiencia y la reflexión. Una alimenta a la otra.

Son varias las razones que nos impulsaron a desarrollar esta obra.

En primer lugar, la participación en grupos de trabajo con profesores con una misma preocupación: la falta de motivación en esta asignatura. Todos ellos docentes con interés por mejorar su práctica diaria.

En segundo lugar, la indudable importancia de la materia en los planes de estudio y en el futuro profesional de cualquier persona. Las Matemáticas son imprescindibles en la sociedad actual y en todos los ámbitos de la vida. En el año 2003 la NCTM auguraba que la necesidad de saber Matemáticas seguiría aumentando cada vez más, ya que son esenciales para la vida, son parte de la herencia cultural y son inevitables, pues todas las profesiones requieren una base de conocimientos matemáticos.

Y en tercer lugar, los resultados académicos y las evaluaciones externas indican que nuestros alumnos no están bien preparados en Matemáticas. Sin entrar a analizar el foco controvertible en el que se centran estos estudios (INECSE, 2001; MEC, 2012; OCDE, 2010, 2012), la realidad es que la puntuación de España es inferior a la mayoría de los países de nuestro entorno, lo que reafirma la necesidad de revisar la atención dedicada a las Matemáticas en el sistema educativo español.

Parece evidente, según todos los datos a nuestro alcance, que los estudiantes no saben utilizar lo aprendido en situaciones usuales de la vida cotidiana y las competencias en Matemáticas no están siendo parte esencial de esa preparación. Del mismo modo los informes hacen referencia a las deficientes actitudes de los estudiantes: desinterés, insatisfacción por el trabajo, desmotivación, falta de autoestima, ansiedad, insuficiente confianza en las propias destrezas, actitudes negativas hacia la escuela, además del escaso rendimiento matemático y científico.

Además de estas razones (discutibles por las intenciones, métodos y contextos en los que se realizan), los resultados de las investigaciones nos impulsan a corroborar que existen muchos alumnos con sentimientos negativos hacia las Matemáticas, independientemente de la edad, curso, ámbitos, tipos de centro, nivel socioeconómico y familiar (Muñoz y Mato, 2006). Hay un buen número de estudiantes convencidos de que la asignatura "es difícil", "no sirve para nada", "no la entiendo", y otras opiniones generalizadas similares, que escuchamos a diario en los centros educativos.

Las razones achacables a este proceder son múltiples y variadas. A lo largo de estas páginas iremos desgranando aquellas que consideramos más importantes como causa de los sentimientos que posee el alumnado, y que tienen que ver con la afectividad hacia la materia.

Para empezar, creemos necesario que el primer paso debe ser convencer a los profesores de la importancia de tener en cuenta los fenómenos afectivos como generadores de tal malestar. En segundo lugar, que la ansiedad hacia la asignatura existe, que tiene remedio, y sobre todo que se puede evitar. Ayudar a los alumnos y a los profesores en este aspecto es, a nuestro parecer, una buena razón para abordar los temas relacionados con las actitudes, las creencias, las emociones y la ansiedad hacia las Matemáticas. Además queremos explorar las causas que las originan, su influencia en el aprendizaje, las consecuencias de la falta de motivación, y las técnicas de mejora y prevención para este "mal generalizado" que iremos analizando en las páginas siguientes.

Porque estamos seguros de que no es suficiente con que el profesorado renueve las programaciones o prepare muy bien sus clases. Tampoco llega con una buena formación académica y una alta capacidad intelectual del docente. Los profesores de Matemáticas debemos caer en la cuenta de que existen componentes tan importantes y tan significativos como los aspectos cognitivos de los estudiantes. Factores a los que se les debe prestar una inmediata atención, si pretendemos una mejora en la enseñanza-aprendizaje de esta área, y en consecuencia en el rendimiento del alumnado. Como decía Piaget (1970), no se da nunca una acción totalmente intelectual ni actos puramente afectivos, sino que en todas las conductas intervienen ambos aspectos, superpuestos entre sí.

Por consiguiente, ateniéndonos a todo lo dicho y a las investigaciones llevadas a cabo en los últimos tiempos respecto a este constructo, es indispensable un equipo docente que reflexione y apueste por el coste substancial que ejerce la afectividad en la asignatura, ya que influye tanto en el éxito como en el fracaso de los estudiantes.

Estas argumentaciones justifican este manual, cuya finalidad es ofrecer al profesorado y profesionales de la educación Matemática una revisión de las principales aportaciones realizadas a lo largo de los años, un recorrido que invita a considerar el fenómeno afectivo, percibir cómo son los sentimientos de sus alumnos, observar sus reacciones emocionales, detectar los procesos cognitivos asociados, descubrir las dificultades que tienen, y permitirles que expresen lo que sienten cuando trabajan las Matemáticas.

Con todo, pretendemos ofrecer una panorámica general sobre la importancia de los fenómenos afectivos, que junto con otras variables del ámbito del alumno tienen una gran influencia en la enseñanza/aprendizaje de las Matemáticas y que debemos tenerlos en cuenta en los programas educativos si queremos ser eficaces en nuestra actividad profesional (Ferrando y Anguiano, 2010; Murillo Torrecilla y Hernández Castillar, 2011).Se completa la revisión con pautas de actuación para mejorar las actitudes, prevenir o/y curar la ansiedad.

Finalmente se incluye la elaboración de un cuestionario de actitudes y otro de ansiedad, así como una amplia bibliografía que puede utilizar cualquier investigador interesado en profundizar en estos temas.

Confiamos, pues, en que el presente libro haga posible que muchos profesores comprendan las verdaderas razones del fracaso en Matemáticas, y valoren adecuadamente su utilización. Quizás puedan corregir muchas frustraciones y superar dificultades: las suyas y las de sus alumnos.

EL DOMINIO AFECTIVO Y LAS MATEMÁTICAS

"Ciencia Afectiva" es la nomenclatura que se utiliza para referirse a la ciencia que estudia los fenómenos afectivos, y "Dominio Afectivo" se usa para referir sus descriptores básicos (actitudes, emociones, creencias) (Ekman y Davidson, 1994; Gómez Chacón, 2000; Blanco, 2008).

Para McLeod (1989) es "un extenso rango de sentimientos y humores (estados de ánimo) que son generalmente considerados como algo diferente de la pura cognición" (p. 245), y que engloba creencias, actitudes y emociones. Estos componentes se relacionan entre si y tienen una influencia destacable en el aprendizaje de las Matemáticas (Zan, Brown, Evans y Hannula, 2006; Guerrero, Blanco, y Gil, 2006).

Tradicionalmente este dominio afectivo se ha considerado separado del "dominio cognitivo", e incluso se han desarrollado taxonomías de objetivos educativos de forma aislada para ambos dominios. Actualmente, las propuestas contemplan una interacción entre ambos, dado que el individuo pasa de uno a otro de forma inconsciente.

Esta situación hace que el contexto en el cual se desarrolla el afecto se reproduzca provocando así que las creencias y actitudes hacia las Matemáticas, normalmente negativas, sigan encontrando un campo propicio para su generación y desarrollo en las Matemáticas escolares. De ahí la necesidad de averiguar las relaciones afectivas hacia las Matemáticas y la motivación por el aprendizaje, lo que nos sugiere una amplia base de comprensión del contexto sociocultural, dentro y fuera del ámbito escolar que influye en los estudiantes. Porque los niños desde que nacen, reciben continuos mensajes sobre qué significa conocer Matemáticas y sobre cuál es el significado social de que les apetezca o no su aprendizaje.

Por lo tanto, cada vez se pone más de manifiesto que los afectos son factores claves en la comprensión de los comportamientos hacia las Matemáticas (Aliaga y Pecho, 2000). Sin embargo, en el ámbito de la enseñanza, estas investigaciones se han incorporado hace relativamente poco tiempo. E incluso reconociendo que los resultados afectivos, procedentes de la metacognición y de la dimensión afectiva del individuo, determinan la calidad del aprendizaje, éste se ha medido por los logros académicos en los aspectos cognitivos (Gómez Chacón, 2002).

Así pues, de acuerdo con Zabala (1995) se da la paradoja de que la interpretación de los procesos de aprendizaje la utilizamos en unos casos concretos, pero la olvidamos en otros muchos. Por ejemplo, tenemos asumido que en algunas áreas específicas de enseñanza cada alumno tiene unas capacidades y un ritmo diferente de aprendizaje y mantenemos un grado de exigencia de acuerdo con los mismos.

Sin embargo con las Matemáticas, cuyo proceso de aprendizaje es menos visible, en la medida que se producen en el ámbito cognitivo y no vemos lo que pasa por la mente del alumno, es frecuente que los profesores establezcamos cotas medias de exigencia, encomendando las mismas actividades para todos los alumnos y realizando la misma evaluación para toda la clase.

Estas situaciones tienen graves repercusiones en el plano educativo, no sólo porque impedimos el avance de los alumnos en la consecución de determinados objetivos, sino porque estamos incidiendo en el grado de autoestima de aquellos que se ven frustrados y marginados en la realización de ciertas tareas. Si queremos que nuestros alumnos progresen, no podemos tener como referencia un nivel medio o estándar, que sólo serviría para unos pocos alumnos y sería inalcanzable o excesivamente sencillo para el resto.

En esta línea Niederle y Vesterlund (2009) dicen que los estudiantes, ya desde los primeros cursos, van tomando conciencia de su posición o status social y escolar, según las diferentes capacidades y/o habilidades que poseen. Esto constituye una realidad en el ámbito social que se traslada rápidamente a las aulas, provocando la desmotivación, el desánimo y la frustración.

Inherente a lo expuesto anteriormente, podemos asumir perfectamente que las cuestiones afectivas necesitan ocupar una posición más central en las investigaciones de la educación Matemática y ser integradas en estudios de procesos de conocimiento y de instrucción. La enseñanza explícita, la práctica de normas de comportamiento aceptable, la constancia en la solución de problemas y la buena disposición para solucionarlos, pueden dar como resultado la satisfacción del alumno, la diversión y el entusiasmo por querer resolverlas y porque los estudiantes se vean a sí mismos autónomos, independientes y motivados.

Gómez-Chacón (2000) manifiesta que los afectos ejercen una influencia decisiva en el aprendizaje y en cómo los alumnos perciben y consideran las Matemáticas. Así como en la propia visión de sí mismos como aprendices y en su conducta.

Según la autora desempeñan las siguientes funciones:

• Como un sistema regulador, ya que la toma de conciencia de la actividad emocional sirve al alumnado y al profesorado como instrumento de control de las relaciones interpersonales y de autorregulación del aprendizaje.

• Como un indicador de la situación de aprendizaje, porque a partir de la perspectiva Matemática y las creencias del estudiante, se pueden estimar sus experiencias de instrucción, la perspectiva profesional del profesor, el tipo de enseñanza recibida, etc.

• Como fuerzas de inercia cuando los afectos impulsan la actividad Matemática, y como fuerzas de resistencia al cambio.

• Como vehículos del conocimiento ya que trata de conocer las dificultades que comporta tanto aprender cómo enseñar Matemáticas, facilitando la búsqueda de estrategias más efectivas a utilizar en el aula para la obtención de mejores resultados.

Tal como señala la misma autora, para un desarrollo óptimo de la dimensión afectiva en el aula de Matemáticas son necesarias situaciones que posibiliten el descubrimiento y la liberación de creencias limitativas del alumnado, la incorporación de experiencias vitales así como la consideración de las emociones y el afecto como vehículos del conocimiento matemático. Para ello se precisa la formación del profesorado en aspectos matemáticos y didácticos específicos relativos al área de la Sociología y Psicología de la Educación Matemática.

LAS ACTITUDES HACIA LAS MATEMÁTICAS

Concepto de las actitudes hacia las matemáticas

Aunque no existe unanimidad a la hora de definir las actitudes hacia las Matemáticas, los autores coinciden en considerar su importancia en la enseñanza-aprendizaje de los estudiantes (Gómez Chacón, 2002; Gil, 2003).

Así, para Martínez Padrón (2003), son predisposiciones psicológicas para comportarse de manera favorable o desfavorable frente a una entidad particular; y para Allport (1935) son un estado mental y nervioso de disposición adquirido a través de la experiencia, que ejerce una influencia directiva o dinámica sobre las respuestas del individuo. Esta definición pone el acento en que las actitudes son disposiciones de comportamiento, por tanto, no conductas actuales, y, además, predisposiciones habituales que tienen un fundamento fisiológico en conexiones nerviosas determinadas y que se adquieren por la experiencia (Auzmendi, 1992).

Gómez Chacón (2002) define la actitud hacia las Matemáticas como una predisposición evaluativa (es decir, positiva o negativa) que determina las intenciones personales e influye en el comportamiento Es decir, si la persona hace una evaluación positiva hacia un determinado objeto (la Matemática), entonces su actitud hacia ese objeto es positiva o favorable, esperándose también que sus manifestaciones de conducta (respuestas) hacia dicho objeto sean en general favorables o positivas. Mientras que si la evaluación es negativa o en contra del objeto, las actitudes serán negativas o desfavorables. Además, se asume que las actitudes tienen más de una dirección, es decir ser favorable o desfavorable, por lo que existen grados ubicados entre estos dos polos, formando un continuo actitudinal (Broc Cavero, 2006).

La Unidad de Medición de Calidad Educativa (2001) indica que las actitudes son aquellas que expresan algún grado de aprobación o desaprobación, gusto o disgusto, acercamiento o alejamiento, llamado usualmente "objeto de actitud" (Figura 1).

Figura 1: Evaluación de las actitudes según La Unidad de Medición de Calidad Educativa (2001).

-	Neutro / Indiferente	+
Evaluación / Actitud desfavorable		Evaluación / Actitud favorable
Evaluación / Actitud negativa		Evaluación / Actitud positiva
Evaluación / Actitud en contra		Evaluación / Actitud a favor

El objeto de actitud es cualquier entidad abstracta o concreta hacia la cual se siente una predisposición favorable o desfavorable.

Por ejemplo, un estudiante frente a las Matemáticas (objeto de actitud) puede mostrar una actitud favorable cuando dice que le gustan las clases, hace sus tareas, cree que las Matemáticas son importantes, se divierte resolviéndolas o muestra interés por aprenderlas.

Resulta asombroso que lo que se espera es que los estudiantes que tengan actitudes favorables hacia las Matemáticas obtengan mejor rendimiento debido al esfuerzo y tiempo que le dedican. Sin embargo no siempre las actitudes son consistentes con la conducta, sino que dependen de otras variables del entorno; ya que una persona con una actitud negativa hacia la escuela en general, podría estar dispuesta a asistir diariamente y estudiar porque quiere evitar las críticas de sus padres. Es un hecho que la presión externa, incluidos los premios o el miedo al castigo, es una forma tradicional de conseguir buenas conductas de los alumnos.

Ya Allport en 1935, uno de los teóricos más importantes en este campo, reconoce que los resultados de las actitudes, procedentes de la metacognición y dimensión afectiva del individuo, determinan la calidad del aprendizaje. Y esta notoriedad se debe, fundamentalmente, a que las actitudes:

• No se pueden considerar propiedad exclusiva de ninguna escuela de pensamiento.

• Escapan a la controversia entre herencia y medio, ya que combinan los dos aspectos de la misma. Es posible, en este sentido, concebirlas como, "disposiciones elementales de conducta, en potencia, sintetizadas en base a sus dotaciones psíquicas innatas y al contenido de sus experiencias" (Pastor Ramos, 1983).

En relación a este concepto, Mato, Chao, Espiñeira y Rebollo (2013) inciden en que un buen estado de ánimo puede tener un efecto positivo en la auto-eficacia en Matemáticas, al igual que en la actuación en la solución de problemas para los niños con riesgo de fracaso escolar y con discapacidades mentales. Pero el dominio afectivo no sólo se ciñe a los estados de ánimo, sino también incluye los sentimientos, que pueden contener la ansiedad, la frustración y la satisfacción en respuesta a una tarea Matemática.

Watt (2000) las considera como una suma de emociones y sentimientos que se experimentan durante el período de aprendizaje de la materia objeto de estudio, y para Gargallo y al. (2007) las actitudes son una predisposición aprendida, relativamente duradera, a evaluar de determinado modo a un objeto, persona, grupo, suceso o situación.

También son manifestaciones de la conducta que tienen su origen en creencias, emociones, hábitos y experiencias anteriores (Castelló, Codina y López, 2010).

Por su parte, Rokeach (1968) define las actitudes como una organización de creencias relativamente permanentes que predisponen a responder de un modo preferencial ante un objeto o situación.

Esta definición acentúa la idea de que las actitudes son predisposiciones de conducta, es decir, actúan como una fuerza motivacional del comportamiento humano.

Asimismo, para Hannula (2002) la idea general del concepto de actitud se refiere a lo que a alguien le agrada o le desagrada de un proyecto familiar, y demuestra que las actitudes tienen un componente afectivo que se evidencia incluso de forma fisiológica. Para este autor las actitudes producen sentimientos placenteros o de disgusto en el sujeto.

Desde el punto de vista de Carroll (2010), suponen respuestas positivas o negativas, producidas durante el proceso de aprendizaje.

La postura de McLeod (1992) al usar el término actitud es para referirse a respuestas afectivas que incluyen sentimientos positivos o negativos de intensidad moderada y estabilidad razonable: por ejemplo, que gusten las Matemáticas o que resulten aburridas.

Para Gargallo y al. (2007) es una evaluación favorable o desfavorable de los resultados de la conducta en cuanto que afectan al propio sujeto. El elemento específico de la actitud que la distingue de los otros conceptos analizados es el afecto-evaluativo, y Alemany (2010) añade que la actitud puede determinar los aprendizajes, y, a su vez, los aprendizajes pueden mediar para la estabilidad o no de esa actitud.

Estrada (2002) las define como construcciones teóricas que se infieren de ciertos comportamientos externos, y Callejo (2004) dice que son predisposiciones estables a valorar y a actuar, que se basan en una organización relativamente duradera de creencias en torno a la realidad que predispone a actuar de determinada forma. O bien respuestas positivas o negativas producidas durante el proceso de aprendizaje (Ashcraft, 2002).

Colón Rosa (2012), entiende que la actitud es una disposición evaluativa de un individuo para responder favorable o desfavorablemente ante cualquier aspecto que se pueda juzgar en su contorno.

Con respecto a su formación, podemos decir que pueden crearse por la automatización, por las reacciones emocionales repetidas (Mandler, 1984, 1989) o por atribuir una actitud existente a una segunda actividad o esquema relacionado con ellas.

De acuerdo con McLeod (1993), debería entonces ser posible analizar las actitudes en función de las correspondientes respuestas emocionales de las que surgen.

En nuestro país, a partir de la Ley General de Educación de 1970, se establece como postulado básico la formación de actitudes, y tanto los DCB de Matemáticas como los de la Comunidad Autónoma de Galicia posteriores inciden en los contenidos actitudinales.

Pero en la realidad, incluso aquellos profesores en ejercicio que reconocen su importancia en el proceso de enseñanza-aprendizaje, siguen sin tenerlas en cuenta, y el punto de interés central de muchos trabajos que estudian las actitudes hacia las Matemáticas, sigue siendo el rendimiento académico y la mejora del mismo.

Ahora bien, si consideramos que la educación tiene como objetivo el perfeccionamiento de la persona como ser individual y social, y que las actitudes hacia la Matemática contribuyen a ello, debemos dedicarles tiempo, no en vano, las actitudes y la educación están relacionadas en sentido bidireccional. Las primeras influyen en el proceso de enseñanza-aprendizaje de las Matemáticas y, a su vez, la educación tiene un amplio poder sobre ellas. Así, se aprende mejor aquello que concuerda con nuestras actitudes o lo que nos produce mayor agrado, y una educación de calidad puede mejorar las actitudes de los estudiantes.

Teniendo en cuenta estos principios que acabamos de exponer, cuando percibamos que un alumno tiene miedo, aburrimiento, y/o desencanto hacia la Matemática nos está dando señales e información que puede tener relación con su enseñanza-aprendizaje y con las actitudes desfavorables hacia la asignatura (Martínez Padrón, 2003, 2005).

Componentes pedagógicos de las actitudes hacia las Matemáticas

Los trabajos de Auzmendi (1992), Gómez Chacón (2000), Watt (2000); Estrada, Batanero y Fortuna, (2003), Luengo y González (2005), entre otros diferencian en la actitud tres factores básicos, llamados también "componentes pedagógicos":

1. Componente cognitivo.

Las actitudes contienen ideas, creencias (favorables o desfavorables), imágenes, percepciones sobre los objetos, personas o situaciones a los que se dirigen.

Se refieren a las expresiones de pensamiento, concepciones y creencias, acerca del objeto actitudinal, en este caso, la Matemática. Incluye desde los procesos perceptivos simples, hasta los cognitivos más complejos.

Estos aspectos poseen una serie de características que los diferencian de los elementos psíquicos:

• Fijación. El componente cognitivo de las actitudes está arraigado en el psiquismo humano, y se caracteriza por su carácter fijo y estable, hecho que lo diferencia de la mera opinión.

• Singularidad. Se trata de un elemento enormemente simple puesto que se refiere a un único objeto, persona o situación.

• No son valores, pues se caracterizan por su baja abstracción y predicabilidad

• Toma de Consciencia. Estos componentes no siempre se expresan en forma consciente.

2. Componente afectivo.

Las actitudes no son hechos meramente racionales, sino que poseen una importante carga emotiva. Van acompañadas de sentimientos que el individuo tiene hacia el objeto de actitud (positivos o negativos), y la intensidad de los mismos.

Esta carga afectiva es la que otorga fuerza motivacional a estos elementos.

3. Componente comportamental.

Las actitudes no son únicamente creencias sobre un objeto determinado acompañadas de un afecto respecto al mismo, sino disposiciones a reaccionar de una cierta forma ante el estímulo.

Sin embargo son tendencias, no reacciones, puesto que no siempre se llega a la acción. Como dice Brandell y Staberg, (2008), la actitud es, esencialmente, una respuesta anticipatoria, el comienzo de una acción que no se completa necesariamente.

Según Baker y al. (2001), generalmente el componente cognitivo y el afectivo se utilizan para predecir el componente conductual, valorados a partir del rendimiento académico del alumno.

También en opinión de Gil (2009) el componente conductual podría ser inferido a partir de posicionamientos explícitos del alumno en relación a su predisposición comportamental.

El esquema se encuentra representado en la Figura 2.

Para cada objeto de actitud se pueden evaluar los tres componentes: el cognitivo, el afectivo y el conativo o comportamental.

Figura 2: Componentes de las actitudes.

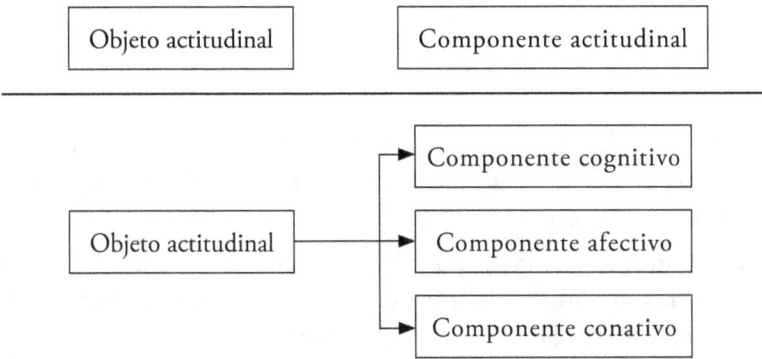

Otro enfoque considera la actitud como una única entidad formada por tres sub-conjuntos, llamados componentes.

Es la llamada teoría tricomponencial (Morales, 2006).

Figura 3: Teoría tricomponencial sobre las actitudes

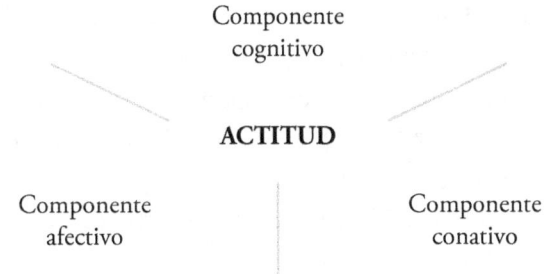

Sin embargo, una visión teórica alternativa plantea que los tres componentes son entidades separadas y distintas que pueden o no estar relacionadas, dependiendo de una particular situación.

Desde esta perspectiva, se sugiere que el término actitud sea reservado solamente para el componente afectivo, indicando una evaluación favorable o desfavorable hacia un objeto. El componente cognitivo estaría conformado por las creencias y el componente conativo serían las intenciones de conducta como se puede apreciar en la Figura 4 (Oskamp, 1991).

Figura 4: Teoría de las entidades separadas sobre las actitudes

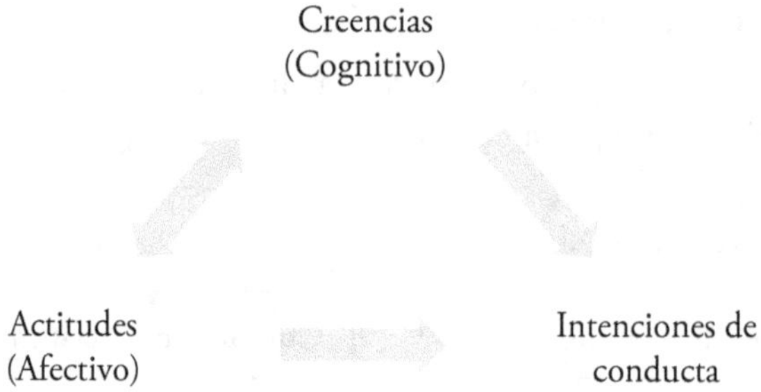

Creencias
(Cognitivo)

Actitudes   Intenciones de

(Afectivo)   conducta

De lo dicho se desprende que no es necesario que exista una congruencia entre creencias, actitudes e intenciones de conducta, considerados en la teoría tricomponencial como aspectos de un mismo concepto.

Para la teoría de entidades separadas, por ejemplo, es posible esperar que un alumno crea que las Matemáticas son útiles pero a su vez sostenga que no le gustan (inconsistencia cognitiva afectiva). Esto es porque muchos objetos de actitud son ambiguos y la persona sabe que, si bien favorecen la consecución de ciertos objetivos, impiden igualmente la de otros (Rosário y al., 2008). Por ello, cuanto más amplio sea el objeto de actitud, más probable es que se encuentren incongruencias entre los componentes. Aun así, la revisión de la literatura e investigaciones recientes han demostrado que existe un número significativo de resultados que evidencian una correlación, de moderada a fuerte, entre las componentes.

Una persona buscará siempre reducir sus inconsistencias cognitivo-afectivas. Se puede entender, por lo tanto, el interés que tiene este aspecto de la actitud para todo tipo de profesionales (psicólogos, sociólogos, pedagogos...).

Si bien las actitudes son, únicamente, predisposiciones a la acción, existe suficiente evidencia empírica que demuestra que las técnicas de medición de actitudes pueden predecir el comportamiento y el estilo de conducta.

Otros autores como Gallego (2000), organizan las actitudes en función de cuatro componentes o dimensiones actitudinales:

1. Componente Cognoscitivo: se corresponde con la carga de información y la experiencia adquirida por el sujeto respecto al objeto de su actitud y el mismo se manifiesta o expresa mediante percepciones, ideas, opiniones, concepciones y creencias a partir de las cuales el sujeto se coloca a favor o en contra de la conducta esperada.

2. Componente Afectivo: se pone de manifiesto por medio de las emociones y los sentimientos de aceptación o de rechazo, que el sujeto activa motivacionalmente ante la presencia del objeto, persona o situación que genera dicha actitud.

3. Componente Conativo o Intencional: expresado por los sujetos mediante su inclinación voluntaria de realizar una acción.

Está constituido por predisposiciones, predilecciones, preferencias, tendencias o intenciones de actuar de una forma específica ante el objeto, según las orientaciones de las normas o de las reglas que existan al respecto.

4. Componente Comportamental: es la conducta observable, propiamente dicha. Martínez Padrón (2008), sintetiza en la figura 5 toda la estructuración vinculada al concepto de actitud, la relación entre sus componentes y algunos factores que lo conforman.

Figura 5: Componentes de la actitud y sus relaciones (Martínez Padrón, 2008).

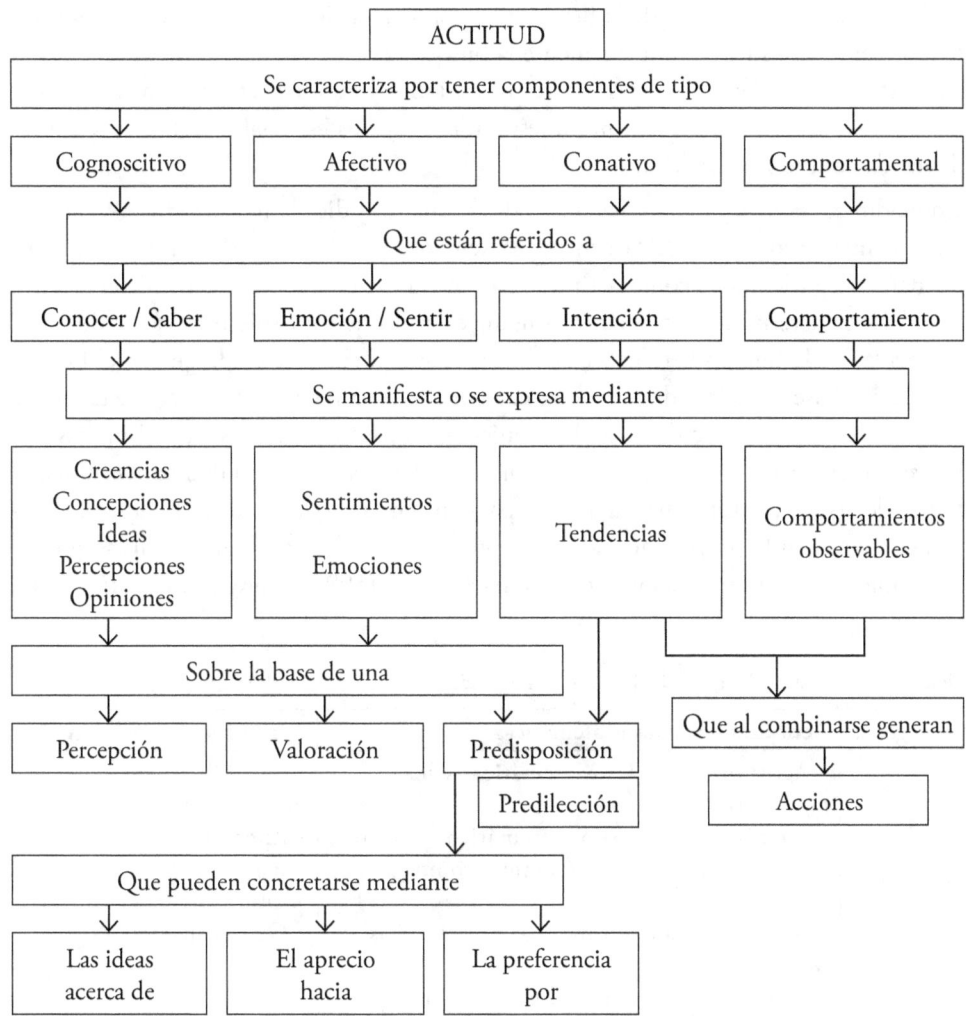

Categorías de las actitudes hacia las Matemáticas

Podemos distinguir dos categorías de las actitudes: actitudes hacia las Matemáticas y actitudes Matemáticas (Gómez Chacón, 2000; García y Romero, 2009).Las actitudes hacia las Matemáticas se refieren a la valoración y al aprecio de esta disciplina, al interés por la materia y por su aprendizaje. Subrayan más el componente afectivo que el cognitivo y se manifiesta más en términos de interés, satisfacción, curiosidad, valoración, etc. Dentro de esta categoría se encuentra: el aprecio de las Matemáticas, su utilidad para resolver problemas de la vida cotidiana, sus aplicaciones a otras ramas del conocimiento, y la belleza, potencia y simplicidad de sus lenguajes y métodos propios. Las actitudes Matemáticas tienen un carácter marcadamente cognitivo y se refieren al modo de utilizar capacidades generales, que son importantes en el trabajo en Matemáticas.

La NCTM (National Council of Teachers of Mathematics, 2003), afirma que la actitud Matemática no significa una afición por las Matemáticas, pues a los alumnos les podrían gustar pero carecer de la flexibilidad, espíritu crítico, y creer que la resolución de problemas constituye continuamente la búsqueda de respuestas, siempre de manera correcta. Estas creencias influyen sobre sus acciones y aunque tengan una disposición positiva hacia las Matemáticas, no muestran los aspectos esenciales de lo que venimos llamando actitud Matemática.

Coincidimos con Gómez Chacón (2007) cuando dice que debido al carácter marcadamente cognitivo de la actitud Matemática, para que estos comportamientos puedan ser considerados como actitudes hay que tener en cuenta la dimensión afectiva que debe caracterizarlos, es decir, distinguir entre lo que un sujeto es capaz de hacer (capacidad) y lo que prefiere hacer (actitud). También cuando añade que en el Diseño Curricular Base, relacionadas con esta categoría y en referencia a la organización y a los hábitos de trabajo, se destacan las siguientes actitudes: la curiosidad, el interés por investigar, la creatividad en la formulación de conjeturas, la flexibilidad para cambiar el punto de vista, la autonomía intelectual para enfrentarse con situaciones desconocidas y la confianza en la propia capacidad de aprender y resolver problemas. En la figura 6 se resumen otras especificaciones de Gómez Chacón (1998) sobre las categorías de las actitudes.

Figura 6. Categorías de las actitudes hacia las Matemáticas (Gómez Chacón,1998).

Categorías	Actitudes hacia las Matemáticas	Actitudes Matemáticas
Actitudes	- Actitudes hacia las Matemáticas y los matemáticos - Interés por el trabajo matemático, científico - Actitud hacia las Matemáticas como asignatura - Actitud hacia determinadas partes de las Matemáticas - Actitud hacia los métodos de enseñanza	- Flexibilidad de pensamiento - Apertura mental - Espíritu crítico - Objetividad - Otras capacidades

Dentro de la categoría de las actitudes hacia las Matemáticas, y para abordar su naturaleza multidimensional, Gardner (2001) distinguió tres contextos: social, psicológico y educativo:

• Social: Implica ciertos componentes morales o humanos y exige un compromiso personal. Debe tomarse en cuenta, fundamentalmente, el modo en que "disponen" al individuo para que conciba el mundo y reaccione ante él de determinada manera.

• Psicológico: Se refiere a la tendencia o predisposición aprendida, más o menos generalizada y de tono afectivo, a responder de un modo bastante persistente y característico, por lo común positiva o negativamente hacia la Matemática. Existen diferentes maneras cómo una persona a través de su conducta puede responder o actuar ante ellas.

• Educativo: Las actitudes presentan una acción razonada y son el procesamiento de la información adquirida sobre las Matemáticas. Se forma a partir de los factores externos e internos del individuo y ejerce determinadas funciones, donde se destaca la necesidad de lograr la adaptación social, controladas por la consistencia cognitiva y a través del refuerzo.

Figura 7. Contextos de las actitudes hacia las Matemáticas (Gardner, 2001)

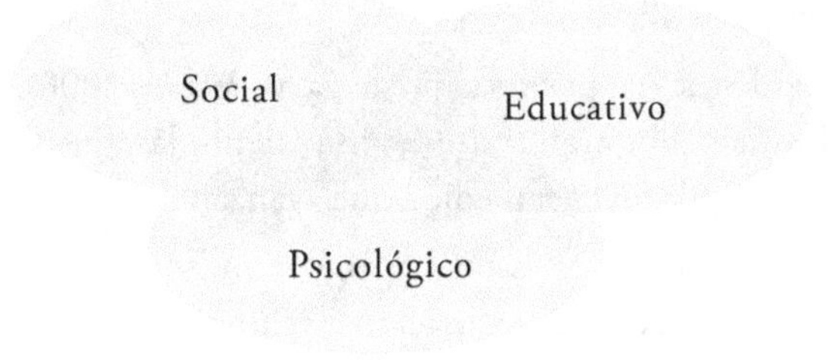

Social   Educativo

Psicológico

Características de las actitudes hacia las Matemáticas

Los sentimientos de los estudiantes hacia las Matemáticas presentan una serie de características que les son específicas:

- No constituyen una entidad observable, sino que son construcciones teóricas que se infieren de ciertos comportamientos externos, generalmente verbales (Auzmendi, 1992), y compuestos tanto por las creencias como por los sentimientos y las predisposiciones comportamentales hacia el objeto al que se dirigen.

- No son innatas y difieren en función del ambiente donde el sujeto las aprende (Watt, 2000; Broc Cavero, 2006).

- Son adquiridas (Zabalza, 1994) ya que nadie nace con predisposición positiva o negativa hacia algo, y de hecho la forma en que se aprenden las actitudes es variada, proviniendo de experiencias positivas o negativas con el objeto de la actitud (por ejemplo, un profesor que explicaba muy bien o muy mal) y/o modelos (que pueden provenir de compañeros de clase, docentes, padres, materiales impresos o de otro tipo de estereotipos que difunden los medios de comunicación masiva). De ese modo se vuelven inevitables para todos hacia aquellos objetos o situaciones a las que hemos sido expuestos.

- Son bastante estables, de intensidad moderada, se expresan positiva o negativamente (agrado/desagrado, gusto/disgusto) y, en ocasiones, pueden representar sentimientos vinculados externamente a la materia (profesor, actividad, libro, etc.).

- Son ambivalentes, de modo que un sujeto puede mostrar agrado por unos aspectos de la materia y disgusto ante otros.

- Se desarrollan en todos los niveles, es decir, no sólo cuando la persona tiene una edad avanzada o una experiencia sobre el tema. En este aspecto, Duton (1951) lleva a cabo una investigación sobre las actitudes hacia la aritmética con alumnos desde el primer año hasta el último, y descubre que, si bien es entre los 9-10 años cuando se desarrollan, pueden aparecer antes o después. Kazelskis y Reeves (2002) analizan tres grupos de cursos escolares (de 4º a 6º de Educación Primaria, 1º y 2º de Educación Secundaria y 1º y 2º de Bachillerato) y afirman que la relación entre las actitudes hacia las Matemáticas y el éxito matemático es significativo desde el 4º curso.

Por tanto, las actitudes hacia las Matemáticas son un fenómeno acumulativo, una experiencia construida sobre otra que, en algunos casos, comienza a formarse incluso antes de que el niño empiece a ir al colegio.

- En un principio tienden a ser positivas (Aliaga y Pecho, 2000). Ya desde edades muy tempranas los alumnos muestran actitudes muy definidas, que son de carácter más positivo que negativo, y disminuyen a medida que avanzan escolarmente (Parra, 2009).

- Varían con el paso del tiempo. Estos aspectos no son estáticos sino que van evolucionando paulatinamente, y se desarrollan negativamente. Como señala Swars, Daane y Giesen (2010) "las actitudes hacia las Matemáticas tienden a ser positivas hasta el sexto curso y luego se van haciendo negativas a medida que el alumno accede a cursos superiores" (p. 12).

- Actúan como motivadoras de la conducta y pueden constituirse en la única estimulación para comprender los comportamientos y las acciones de los sujetos.

- Los sentimientos negativos son persistentes y el matiz negativo que adquieren se mantiene con el paso del tiempo, con lo que es común que en los cursos superiores estos factores no evolucionen favorablemente.

Figura 8. Características de las actitudes hacia las Matemáticas

En definitiva, las actitudes hacia las Matemáticas surgen desde edades muy tempranas, y si bien tienden a ser favorables en un principio, la evolución negativa que se produce a lo largo del tiempo y la persistencia de este matiz desfavorable son características muy específicas que conviene tener presentes para poder entender reacciones futuras del alumno e intervenir adecuadamente ante ellas.

Relación de las actitudes hacia las Matemáticas y otras variables

Hannula (2002) considera cuatro procesos diferentes como aspectos de las actitudes:

• En primer lugar las emociones que experimenta el estudiante durante las actividades relacionadas con las Matemáticas.

• En segundo lugar están las emociones del estudiante asociadas automáticamente con conceptos matemáticos.

• Las consecuencias esperadas ocupan el tercer lugar. Hacen referencia a los análisis de las situaciones que el estudiante espera vivir como consecuencia de tener clase de Matemáticas.

• Y por último, se trata de relacionar la situación con los valores personales. Esto se refiere al valor de los objetivos relacionados con las Matemáticas en la estructura global de los objetivos de los estudiantes.

Por su parte, Gairin (1990), en su libro "Las actitudes en educación: Un estudio sobre educación Matemática", plantea que existen algunas variables asociadas a la actitud hacia las Matemáticas, como son: las personales, familiares y escolares. La mayoría de las veces guardan relación unas y otras.

Para Salazar, López y Romero (2010), el rendimiento escolar incluye las aptitudes, capacidades, la personalidad del alumno, el medio socio-familiar (familia, amistades, barrio), la realidad escolar (institución académica, relaciones con los profesores y compañeros y los métodos empleados en el proceso de enseñanza-aprendizaje).

En su caso, Dee (2007) añade que los factores de influencia son el auto-concepto, el profesor, las presiones sociales y las esperanzas paternas, al igual que la relevancia o importancia de la tarea, según la juzgue el estudiante. Si los sentimientos del alumno son positivos puede obtener un mayor éxito académico que otro que haya desarrollado actitudes negativas (Auzmendi, 1992; Martínez Padrón, 2005; Carrell, Page y West, 2009).

También Mato y Muñoz (2010) llevan a cabo un estudio para analizar las actitudes hacia la Matemática de 1220 alumnos de Educación Secundaria Obligatoria y los resultados concluyen que existe una alta correlación positiva y significativa con el rendimiento académico, además de diferencias respecto al centro, curso, y algunas variables familiares.

A este respecto, el papel que desempeñan los padres en la dimensión afectiva de los hijos es determinante en el proceso de enseñanza-aprendizaje de las Matemáticas (Beilock y al, 2009; González-Pienda y al. 2002; Magalhães, 2007). Estas variables familiares según Núñez y al. (2005) explican más allá del 50% de la varianza de los resultados escolares finales, mientras que el resto de variables del estudiante no aportan más que un 25% (incluidas las concernientes a la personalidad y a la capacidad intelectual del estudiante).

También, las experiencias pasadas de los padres o el carecer de conocimientos para enseñar a los hijos, la falta de expectativas, la desvalorización desde el punto de vista personal son razones que pueden llevar a tener actitudes negativas en determinado momento, e incluso al fracaso (González-Pienda y Núñez, 2005).

Similares resultados obtienen Salazar, López y Romero (2010) en un estudio con 60 niños y niñas de primaria: los padres que no apoyan a sus hijos en las tareas escolares, ni destinan un espacio y tiempo para realizar sus tareas, o que la comunicación con los profesores es nula, influyen negativamente en el rendimiento escolar de los hijos.

La conformación de la familia es una base importante para el rendimiento académico; recordemos que interviene en el desarrollo cognitivo, psicológico y social de sus hijos.

No obstante, hemos de reconocer que el primer contacto que se tiene con las Matemáticas, desde un punto de vista formal, se da en la escuela. De ahí que el interés por el tema de las actitudes hacia las Matemáticas se centre, actualmente, en comprender el modo en que condicionan ciertos elementos que incidirán en la formación global, presente y futura del sujeto en esta área de conocimientos (Auzmendi, 1992). Así, por ejemplo, se ha observado que el cómo y el cuándo la persona atiende a la instrucción Matemática o la elección de cursos son factores influidos directamente por las actitudes cuando estaban en el colegio (Ireson, 2004; Jackson, 2008).

En este sentido, Mandler (1990), considera que las variables afectivas condicionan con más fuerza la elección posterior de los estudios que los obstáculos para su aprendizaje, y que el agrado que produce un tema es un determinante más fuerte a la hora de elegir una asignatura que las dificultades asociadas al aprendizaje.

Como se desprende de los análisis efectuados por Marshall (2000), Amorim (2004) y Suárez (2011), uno de los rasgos más concluyente sobre afectividad son las desiguales repercusiones académicas en las asignaturas del currículo, admitiendo que la consecuencia es más fuerte en el caso de las Matemáticas. Por tanto, ya que las actitudes existen, se desarrollan junto con las habilidades y tienen un influjo directo en este proceso, se deberían estructurar las actividades y discusiones de clase en función de las actitudes de sus alumnos (Schoenfeld, 2000).

Es verdad que el concepto de rendimiento académico es multidimensional. No podemos, valorar solamente la productividad del alumno dentro del proceso educativo, sino tener en cuenta otros elementos de orden personal e instrumental que contribuyen a un buen resultado en educación (Peralbo y Barca, 2003) y que, entre los procesos de aprendizaje, rendimiento, éxito y fracaso escolares existe una relación intrínseca (Baloglu, 2002).

Por ejemplo, Woodard (2004) se refiere a las destrezas y habilidades aprendidas durante el período escolar. Para conocer el grado de aprendizaje se realiza una evaluación y se establece una calificación.

Luengo y González (2005) señalan que el concepto de rendimiento=adquisición de contenidos debe ser transformado en el que diga "rendimiento=dominio de estrategias de aprendizaje y habilidades que permiten aprender a aprender".

Ahora bien, en las investigaciones a las que estamos haciendo referencia, cuando se habla de rendimiento académico, se tienen en cuenta los resultados de las pruebas de evaluación, o algún tipo de promedio de las notas obtenidas en la materia (Martinez y al., 2010).

Aclarado este concepto, podemos afirmar que tanto Aliaga y Pecho (2000) como Bazán, Espinosa y Farro (2001) y Frenzel, Pekrun, y Goetz (2007) comprobaron que, las actitudes negativas en Matemáticas están relacionadas con el bajo rendimiento en todos los niveles escolares. Por tanto no deja de ser alarmante, que siendo las Matemáticas una de las asignaturas más importantes del currículo, es a la vez, de las más temidas (Tyson, 2001) y la que tiene un rendimiento más deficiente (Bazán y Aparicio, 2006).

Es importante reseñar que las actitudes hacia las Matemáticas se forman en parte por la atmósfera y la cultura de la clase y por otras situaciones de aprendizaje; por lo que están relacionadas con la actitud general hacia el colegio. Y a veces, contrastan con las actitudes que se tienen hacia otras asignaturas (Brok, Brekelmans, y Wubbels, 2004).

Ya en 1957, Dreger y Aiken señalan que la actitud ante los números correlaciona positivamente con las notas finales en Matemáticas, y Aiken (1976) manifestaba que, después de la capacidad, la actitud es la variable que mejor predice el rendimiento en Matemáticas, resaltando que existen diferencias significativas respecto del sexo, favorables a los varones.

Ramírez (2005) y Morales (2006) entre otros, comprueban su incidencia en el rendimiento de los estudiantes de Primaria; Akey (2006) y Mato y de la Torre (2010) en Secundaria. Y Fernández y Aguirre (2010), Gleason (2007), Gresham (2010) en población universitaria y concluyen que es una variable que tiene mucha influencia en el rendimiento.

Asimismo, Ireson (2004) lleva a cabo una investigación longitudinal con una muestra de 607 alumnos del último nivel de Educación Primaria, a los que vuelve a analizar cuando se encuentran en el último curso de Educación Secundaria. Para medir las actitudes utiliza un instrumento que consiste en 94 preguntas breves a las que ha de contestarse de forma afirmativa o negativa, mientras que la evaluación del éxito la obtiene a través de pruebas de tipo cognitivo y con la puntuación media en Matemáticas conseguida a lo largo de una serie de cursos. El análisis de los datos pone de manifiesto que se puede hablar de una correlación positiva importante entre actitudes y éxito en ambos niveles (último de Primaria y último de Secundaria); sin embargo, ésta es mayor al aumentar la edad de los sujetos. Con el paso de los cursos (de Primaria hasta 4º de ESO), se produce un descenso de las actitudes de los alumnos ante el estudio de la Matemática (Amorín, 2004), y resulta significativo si tenemos en cuenta la relevancia del conocimiento matemático de cara a las posibilidades futuras, tanto académicas como en relación a las salidas profesionales y a las demandas de la sociedad, coincidiendo con los estudios realizados por Hidalgo, Maroto y Palacios (2005).

Por su parte, Tsai y Walberg (1983) utilizan una muestra de 2.368 estudiantes de 13 años a los que aplican, entre otro tipo de medidas, una serie de pruebas para evaluar sus actitudes y trabajos en Matemáticas. Tras los análisis pertinentes concluyen que, a medida que los grupos poseen unas actitudes más positivas, presentan una calificación mejor en Matemática. Asimismo, los sujetos que pertenecen a los grupos de mejores calificaciones en Matemáticas poseen unas actitudes más positivas hacia esta área.

En definitiva, existe hoy en día mucho interés por mejorar los deficientes resultados en torno a la materia, y por convencer a los educadores para que estén atentos a las reacciones del alumnado en el aula, para poder intervenir adecuadamente en el momento que haga falta (Di Martino y Zan, 2001; Hannula, 2002; Gresham, 2004; Leder y Forgasz, 2006; Mato, 2010b).

Otros estudios consideran que la relación actitudes-éxito en Matemáticas se da, fundamentalmente, en dos casos:

En las mujeres pero no en los hombres. Aiken y Dreger (1961) tratan de comprobar la hipótesis según la cual las puntuaciones de las actitudes hacia las Matemáticas contribuyen a la predicción de las notas finales en un curso de esta materia. Tras los análisis obtienen que, únicamente se puede mantener la hipótesis en el caso de las mujeres. A los mismos resultados llegan Kazelskis y Reeves (2002), al estudiar la relación entre actitudes, aptitudes y éxito en Matemáticas. Utilizan una muestra compuesta por 150 hombres y 173 mujeres a los que aplican la escala de Actitudes hacia las Matemáticas de Aiken, una prueba de aptitud, el SAT-Q, y la nota media en esta disciplina como medida de logro. El análisis de las correlaciones entre las pruebas, tanto en los hombres como en las mujeres, permite concluir que las actitudes predicen mejor el éxito en las mujeres que en los hombres. Más recientemente, Brandell y Staberg (2008), apuntaron que para las chicas las Matemáticas son más aburridas y difíciles y, además, se sienten menos seguras de sí mismas en relación con esta materia (Frenzel, Pekrun y Goetz, 2007; Niederle y Vesterlund, 2009). Otro hecho comprobado por investigaciones como la de Dee (2007) y Carrel, Page y West (2009) es que el hecho de tener una maestra en Matemáticas o Ciencias, mejora la dedicación de las chicas en esta materia, y Schofield (2000) encuentra, en una muestra de 1.896 alumnos, en los que evalúa la asociación entre actitudes y éxito, que las relaciones observadas entre las dos variables son significativamente más importantes en los hombres que en las mujeres.

Sin embargo, no es posible hablar de unanimidad en los resultados, ya que otras investigaciones indican que estas diferencias están disminuyendo en las sociedades actuales (Weiner, 2010; Rodríguez, 2013).

En los grupos de menor nivel intelectual. Minato y Yanese (1984) intentan demostrar la hipótesis según la cual la relación actitudes-ejecución Matemática se mide por el nivel intelectual de los alumnos. Utilizan una muestra compuesta por 818 estudiantes universitarios divididos en tres grupos. En cada uno obtienen que las actitudes son mejores predictoras de la ejecución cuanto menor es la capacidad intelectual de los sujetos. Claro que la incidencia del nivel socioeconómico y cultural de las familias está, a menudo, incardinado al nivel intelectual de los alumnos (Hancock, 2001; Morales, 2003).

Por lo que las actitudes en función de la capacidad intelectual no se puede constatar definitivamente ya que los factores citados condicionan su progreso educativo y los resultados que obtienen (Estrada, 2007; Leedy, Lalonde y Runk, 2003).

En resumen, los resultados han demostrado una asociación muy pequeña que no permite afirmar que el éxito sea el "único" factor relacionado con la formación de actitudes positivas, ni se ha logrado demostrar la dirección de la causalidad. Más bien se habla de reciprocidad y, sobre todo, de las actitudes como variables mediadoras, esto es, como generadoras de otras correlaciones.

De hecho, uno de los aspectos que más correlaciona con la realización Matemática es el agrado-temor que la persona siente hacia esta disciplina, los dos polos del elemento que genéricamente se denomina "ansiedad" hacia las Matemáticas (Schofield y Start, 1978).

Elementos que influyen en las actitudes hacia las Matemáticas

Es primordial para los profesores conocer los aspectos que influyen en las actitudes, esto es, en qué se debe incidir para provocar una mejora de las mismas.

Auzmendi (1992) agrupa estos elementos en dos tipos de variables: Variables personales y variables situacionales.

Dentro de las personales se incluyen: la habilidad espacial, el bagaje matemático previo, la motivación, el rol sexual y las expectativas de éxito. Las situacionales las conforman: la evaluación del curso y la evaluación del profesor.

- La habilidad espacial. Es un elemento cognitivo, necesario en los trabajos de Matemáticas porque representan un modo particular de ordenar la información. Afecta al nivel conductual, cognitivo y afectivo de la persona.

- El bagaje matemático previo. En una clase de Matemáticas hay alumnos que disponen de conocimientos previos, otros presentan un bagaje pobre, bien porque no han recibido la formación adecuada o porque, habiéndola adquirido, necesitan reciclarla. Esta heterogeneidad condiciona la dinámica de la clase, pero independientemente de la preparación inicial, el profesor debe atender a todos sus estudiantes (Harding, Y Terrell, 2006). Es congruente resaltar que un mayor desarrollo en conocimientos matemáticos dispone favorablemente a los alumnos, les impide el desarrollo de temores, y aminora la ansiedad hacia la asignatura. Southgate (2009) utiliza una muestra compuesta por 1.054

estudiantes universitarios con diferentes niveles de preparación Matemática previa, y tras administrar la escala de actitudes hacia las Matemáticas de Aiken y Dreger encuentra una diferencia significativa en la afectividad hacia la materia en función del bagaje previo de los sujetos. Por lo tanto, si a menor preparación las reacciones afectivas, cognitivas y comportamentales son más negativas, será necesario incidir en este aspecto a través de los medios más oportunos.

Ahora bien, la forma en que una persona se posiciona ante una materia, o el modo en que actúa en ella, no depende únicamente de la mayor o menor exposición previa a la que ha estado expuesto, sino, también, de cómo ha sido vivida esa experiencia. Ciertas dimensiones de la personalidad del aprendiz dependen de su historia de éxitos o fracasos en las tareas académicas. Una persona que ha experimentado fracasos prolongados en una disciplina, creará características negativas que harán que desarrolle sentimientos adversos ante la misma y que influirán en su éxito académico presente y futuro. Por el contrario, aquel estudiante que haya vivido de forma positiva sus triunfos académicos previos, procesará sentimientos positivos que incidirán favorablemente en su futura relación con esta área de conocimiento (Wubbels y Brekelmans, 2005). Este hecho, que parece lógico, ha sido desdeñado al analizar el influjo del bagaje que trae el alumno; tanto en su actuación como respecto a sus actitudes ante las Matemáticas. Sin embargo, insistimos en que, si bien la mayor o menor exposición inicial ante la materia puede condicionar los sentimientos o conductas posteriores ante la misma, no hay que olvidar que la experiencia subjetiva de la persona puede ser un factor importante para explicar sus reacciones futuras.

- La motivación. En el ámbito del proceso de enseñanza-aprendizaje la motivación aparece como un fenómeno psicológico complejo y multideterminado por la dificultad para entender por qué el alumnado decide o no involucrarse en una tarea concreta o en una meta a largo plazo (Barca, 2009). Este autor considera esencial tres fuentes de motivación que son; en primer lugar la actividad interna, constituida por un conjunto de fenómenos y procesos motivacionales; en segundo lugar el contexto de la actividad, en la que juega un papel crucial la naturaleza de la actividad; y en tercer lugar el contexto externo a la actividad del alumno.

La motivación puede ser de dos tipos: motivación intrínseca o motivación extrínseca. La primera es la que causa que alguien realice una actividad por sí misma y la segunda cuando para llevar a cabo una conducta se necesitan refuerzos externos que se obtienen tras su realización.

En el proceso educativo las dos son importantes. El profesor debe utilizar todas las estrategias que le permitan convertir su influencia exterior en afectos y cogniciones interiorizados por el alumno; también el impulso inherente al aprendizaje tiene el efecto de aumentar el mismo. De acuerdo con el Informe Cockcroft (1982), los padres y los profesores pueden tener un papel importante en la formación de las actitudes de los estudiantes hacia las Matemáticas.

Las actitudes positivas de los profesores pueden ayudar al estudio de las Matemáticas, mientras que las negativas pueden inhibir el aprendizaje. Por consiguiente, los profesores pueden influir en las actitudes de los niños en las etapas formativas, ya que ellos mismos pueden tener, también, actitudes positivas o negativas hacia las Matemáticas y hacia la enseñanza de las mismas. De hecho Hernández, Palarea y Socas (2001), aseguran que más de la mitad de los estudiantes para maestros se sienten poco seguros al hacer Matemáticas.

También los procesos de socialización escolar son factores determinantes ya que la experiencia de fracasos reiterados, las interacciones punitivas con los adultos, la crítica mordaz en el aula o la ausencia de apoyo de los profesores, contribuyen a la instauración de una percepción amenazadora de las tareas escolares. En estas circunstancias la motivación de los alumnos se dirige únicamente a evitar el fracaso en la asignatura, en detrimento del interés por aprender (Rosario, y Soares, 2004).

La motivación de los estudiantes es importante porque favorece patrones cognitivos cualitativamente diferentes y contribuye al desarrollo de la autorregulación (Suárez y Fernández, 2013).

Algunos profesores con actitudes negativas utilizan con sus alumnos métodos de enseñanza de las Matemáticas que fomentan la dependencia de las personas adultas y la falta de seguridad en sí mismos. Basan la enseñanza en reglas, memorización, algoritmos, demostración y aprendizaje pasivo, y ellos son la única fuente de información, árbitros con la respuesta correcta. Esto provoca en los alumnos un entorpecimiento de su pensamiento crítico y del desarrollo de la resolución de problemas, de la transferencia y aplicación de habilidades, e impotencia, ya que no confían en sus propios esfuerzos porque el profesor es quien tiene el control.

Por otro lado, los profesores con actitudes positivas hacia las Matemáticas utilizan métodos que animan a la iniciativa y a la independencia, centrándose en el descubrimiento y en las explicaciones de por qué los algoritmos funcionan y cómo las habilidades se interrelacionan. Estos docentes inculcan en sus estudiantes: probar, explicar y justificar sus respuestas, además de reconocer sus errores. De esta manera, los alumnos son capaces de aplicar sus habilidades, sus destrezas y responder ante situaciones nuevas.

- El sexo y el rol sexual. Una opinión popular que se ha mantenido desde antiguo, es que a los hombres se les dan mejor las Matemáticas que a las mujeres. Ahora bien, los estudios realizados sobre las diferencias sexuales en habilidad Matemática no llegan a resultados concluyentes. Mientras unos como Maccoby y Jacklin (1974), afirman que los hombres se desenvuelven mejor en Matemáticas que las mujeres, otros señalan que no hay diferencias biológicas a la hora de trabajar esta materia (Ashcraft, 2002). Generalmente, las investigaciones se centran en las diferencias debidas al sexo biológico, el cual las hace invariables. Sin embargo en la actualidad se tiene constancia del importante papel que adquiere el rol sexual que adopta la persona, hombre o mujer, y que influye en el rendimiento en Matemáticas, pues define mejor la conducta de un sujeto que su propio sexo biológico. Además, las diferencias sexuales en Matemáticas son consecuencia de la percepción de apropiadas o inapropiadas para cada uno. Partiendo de este hecho, si bien es verdad que no se puede modificar el sexo de los individuos, sí se puede incidir en el rol que asumen o que se les ha impulsado a adquirir. Los alumnos (hombres o mujeres) que asumen un rol sexual más masculino tienen asociada una mayor habilidad Matemática y viceversa, los estudiantes de ambos sexos con un rol más femenino mostrarán una menor capacidad en esta área (Hannula, 2002).

La familia es parte del contexto social, por lo que es preciso reflexionar sobre las relaciones y experiencias que los padres tienen con sus hijos para poder entender la respuesta de estos reflejada en la escuela (Salazar, López e Romero, 2010).

- Las expectativas de éxito. Las esperanzas de éxito o de fracaso ejercen un papel importante en la realización de las tareas Matemáticas y en su aprendizaje. De ahí que si los profesores conocen las expectativas de los alumnos puede ayudarles a mejorar su posicionamiento ante la materia. Del mismo modo, si detectan aspectos negativos pueden participar en su modificación ya que, dependiendo de lo que sienten los alumnos sobre sus posibilidades de éxito, así será su nivel de realización.

Manifiestamente una de las metas prioritarias de la Educación es la de contribuir al desarrollo personal y social del alumno, a la preparación para la vida como personas con participación activa y crítica, y a que se sientan seguros de su capacidad para hacer y aplicar las Matemáticas, principalmente en lo que concierne a su autoconcepto. A este respecto, la confianza en el aprendizaje de las Matemáticas es un componente particular, porque ejerce una fuerte influencia en la visión que el alumno tiene de las Matemáticas y en su reacción hacia ellas. Por eso, incorporar la perspectiva de la identidad social acentúa la necesidad de considerar el influjo de las relaciones simbólicas sociales. Es en este horizonte donde se puede buscar una comprensión de cómo las valoraciones, a las cuales los grupos sociales ligan las diferentes formas de conocimiento, son mediadoras en la cognición Matemática, de cara a una interpretación global del afecto en cada sujeto.

El autoconcepto matemático se puede definir como el modo en el que una persona está segura de ser capaz de aprender conceptos, actuar adecuadamente en clase y hacer bien los exámenes de Matemáticas.

Los modelos atribucionales se relacionan con el autoconcepto; es decir, lo que una persona percibe como la causa de ciertos hechos. Por ejemplo, Stuart, (2000) señala que los buenos acontecimientos se atribuyen, casi siempre, a la competencia de uno mismo; y los malos al profesor, como una forma natural de preservar la autoestima.

Un autoconcepto fuerte acerca de la autovaloración y autopercepción positiva como alumno, aprendiz y persona favorece e incide de manera significativa en una conducta asertiva y en el rendimiento académico (Barca, 2009). Siguiendo a este mismo autor podemos hablar de tres tipos de autoconcepto: el matemático, el físico (capacidad y apariencia) y los niveles de estabilidad emocional.

Por su parte, McLeod (1992) sugiere que las chicas ven el éxito como causa del esfuerzo, mientras que los chicos lo ven como causa de la habilidad. Del mismo modo, las chicas atribuyen el fracaso a la falta de habilidad o a la dificultad de la tarea, más que a una falta de esfuerzo, al contrario que los chicos.

Tomamos también en consideración la impotencia aprendida, la cual aparece cuando uno siente que pierde el control sobre el éxito o el fracaso en las tareas académicas (Hancock, 2001). El fracaso se ve como inevitable en tareas similares a aquellas en las que uno ha fracasado antes.

- La evaluación del Curso y del Profesor. Es importante que los alumnos evalúen tanto la asignatura como el profesor que la imparte, pues son más conscientes de sus actitudes ante los conocimientos, lo que han de aprender, lo que sucede en el aula, y ante el mismo docente.

Sin embargo no es tan fácil, porque, generalmente, el profesorado es reacio a ser evaluado por el estudiante, excusándose en la inmadurez, la falta de perspectiva y de criterio que tienen los alumnos, así como toda una serie de razones que, en realidad, no son sino resistencias ante una propuesta que no desean (Villa y Morales en Auzmendi, 1992). Ahora bien, las opiniones de los alumnos cuando describen sus visiones sobre la conducta ética y profesional del profesor, las relaciones estudiante-profesor, sus tareas y responsabilidades, lo que han aprendido en el curso, la justicia en las calificaciones y la habilidad del profesor para comunicarse con claridad, tienen múltiples ventajas, entre las que se encuentra, el que con ella los alumnos se evalúan a sí mismos, como individuos y como grupo y toman conciencia de sus actitudes con respecto al profesor y a la asignatura.

La reflexión real de los estudiantes sobre su práctica docente futura es muy necesaria para que minimicen los desajustes existentes entre la realidad de las aulas y la complejidad de los fenómenos socioculturales a los que se vincula esa realidad (Imbernón, 2005; Soto, 2002; Hyson et. al., 2009).

Con el fin de analizar la influencia conjunta de todas estas variables en las actitudes hacia las Matemáticas, Elena Auzmendi (1991) realiza una investigación en la que participan 2.052 alumnos universitarios de todas las carreras en las que se imparte la asignatura de Estadística. Los resultados obtenidos demuestran que las actitudes hacia esta materia tienden a ser negativas y la variable que tiene un mayor peso en todos los factores que constituyen las actitudes hacia la materia (motivación hacia su estudio y utilización, ansiedad, agrado, utilidad y confianza), así como en las actitudes generales ante esta asignatura es la motivación que el alumno ha sentido hacia ella durante el curso.

No importa tanto que el profesor sea competente o no, que establezca buenas o malas relaciones con el alumno, que el ritmo de sus clases sea rápido o lento, que el bagaje de los alumnos sea bueno o malo. Lo que importa, sobre todo, es conseguir motivarlos ante la materia que están realizando y que se interesen por el tema (Auzmendi, 1992).

En ese mismo orden de ideas, y ya que el aprendizaje está enfocado en la adquisición de competencias, debe tomarse en cuenta las actitudes y la inteligencia y plantear la construcción y reconstrucción de las actitudes, sin descuidar la carga cognitiva y afectiva que las acompaña (Gallego, 2000), crear ambientes de enseñanza-aprendizaje-evaluación enriquecedores y agradables capaces de incrementar sustancialmente la motivación futura hacia el aprendizaje y hacia la enseñanza. Además, si las actitudes tienen tendencia reactiva sobre lo que se aprende, y lo que se enseña y se evalúa, esto genera actitudes particulares.

Figura 9. Elementos que influyen en las actitudes hacia las Matemáticas.

Variables personales	Habilidad espacial
	Bagaje matemático previo
	Motivación
	Rol sexual
	Expectativas de éxito
Variables situacionales	Evaluación del curso
	Evaluación de profesor

La mejora de las actitudes hacia las Matemáticas

Cualquier propuesta de mejora de las actitudes hacia las Matemáticas debe partir de las consideraciones de carácter pedagógico y didáctico que sobre el particular se han hecho en los apartados anteriores. A partir de ellos es posible concretar operativamente un plan de trabajo que, incorporado al desarrollo curricular, permita al maestro fomentar actitudes positivas hacia la asignatura en la escuela.

Nuestro objetivo, aquí, no es la realización de un programa. Pretendemos, únicamente, dejar constancia de algunos aspectos que este debería tener. Más que mostrar propuestas, estableceremos principios de acción que definan los argumentos pedagógicos y didácticos que existen sobre las actitudes hacia las Matemáticas. Porque entendemos que será más eficaz "proponer elementos" para que cada educador los adapte a las características de sus alumnos, a las necesidades, al contexto y a las posibilidades de las que dispone.

Es indiscutible que ser buen profesor no implica manejar cantidad de información, si no distinguir cómo emplear lo que sabe, cómo acceder o cómo manejar esa información, cómo aprender más y, sobre todo, cómo realizar actividades metacognitivas con los conocimientos adquiridos.

Una de las consideraciones que debemos valorar es la perspectiva de efectuar cambios en algunos aspectos en torno a esta asignatura. Por ejemplo: la metodología de enseñanza, la reformulación del currículo, una mayor capacitación de los profesores y las variables afectivas, entre otros. Hay más elementos que inciden en los resultados de la asignatura, no menos importantes, pero más difíciles de controlar, e incluso, a menudo escapan a las posibilidades del maestro. Nos referimos a la influencia de factores familiares. Es necesario tratar estos temas en los Departamentos y en los claustros escolares.

Desarrollar actitudes positivas es fundamental para el estudio de cualquier asignatura, pues así el alumno tendrá una predisposición favorable, se creerá capaz y hará uso de la materia cuando le sea necesario (Gómez Chacón, 2000). Por lo tanto mejorar las actitudes implica una serie de actividades que desarrollen las habilidades Matemáticas, despierten la curiosidad, estimulen la imaginación del alumno y ofrezcan oportunidades para el desarrollo de su creatividad (Bazán y Aparicio, 2006).

Ahora bien, para actuar sobre las actitudes hacia las Matemáticas es necesario conocer "las causas que las generan".

De modo general, podemos hablar de tres aspectos: la imagen estereotipada de las Matemáticas, las concepciones curriculares sobre ellas y la relación particular que se genera entre profesor y estudiante (Gairín, 1990).

La imagen estereotipada de las Matemáticas. A menudo, el alumno tiene una imagen estereotipada de las Matemáticas transmitida por el contexto en el que se desenvuelve que no siempre corresponde con la realidad, lo que le hace tomar una postura ante el aprendizaje matemático, antes de haber tenido experiencias sobre él. Desde este punto de vista, Estrada (2002) afirma que el ambiente que rodea al alumno provoca esas actitudes, principalmente en los niveles socioculturales menos favorecidos y en las personas con poca confianza en su capacidad intelectual, lo que les hace pensar que las Matemáticas son un ejercicio para las mentes privilegiadas, difíciles de asimilar y aún más de comprender (Núñez y al, 2005).

Para mejorar las actitudes es necesario enseñarles a los alumnos estrategias de aprendizaje que les permitan optimizar las que tienen y que les ayuden a adquirir otras. También es importante orientarles a superar las dificultades y los miedos que tienen con la asignatura y a enfrentarse a un problema.

Las expectativas de los padres respecto al logro de los hijos, los sentimientos y emociones negativas, problemas, actuaciones del profesor, perspectivas de los profesores acerca del resultado de los alumnos, mensajes de familiares y amigos, la necesidad de ser inteligente, etc., son algunos de los estímulos asociados con las Matemáticas que generan tensión y rechazo. La reacción emocional ante estos estímulos está condicionada por las creencias que el estudiante tiene de sí mismo y de las Matemáticas. Situaciones similares, repetidamente, producen reacciones afectivas que activan las reacciones emocionales y al automatizarse acaban formando las actitudes hacia la asignatura.

También los medios de comunicación contribuyen a la formación anticipada de actitudes negativas. A menudo, prodigan con multitud de reportajes el conocimiento de otras ciencias, pero dejan de lado los contenidos propios de las Matemáticas, lo que favorece su desconocimiento y que aparezcan como algo apartado, difícil de entender y aislado del mundo real. Todo esto posibilita que el estudiante tenga una concepción errónea sobre las Matemáticas y facilita el nacimiento de un temor que dificultará los rendimientos posteriores.

Es significativo que, a medida que se asciende en los cursos escolares, el interés por la asignatura decrece, la utilidad de la materia de cara al futuro sufre un descenso, la competencia percibida para el aprendizaje y logro en las Matemáticas disminuye, surgen los sentimientos y emociones negativas y aumenta la ansiedad. Por consiguiente, repercute significativamente en la poca implicación y en el menor esfuerzo personal que realiza el estudiante en el proceso de enseñanza-aprendizaje de la asignatura. Como consecuencia, el rendimiento baja y las Matemáticas se convierten en una de las materias más difíciles de enseñar y de aprender (Núñez y al., 2005). Ciertamente, muchas dificultades con las Matemáticas se deben a una baja comprensión o bien a un desconocimiento total de la aritmética básica. Debido a la naturaleza acumulativa del conocimiento matemático, un alumno que no tiene éxito durante la Educación Primaria, tiene pocas posibilidades de tenerlo en Educación Secundaria, quedando excluido de ciertas carreras universitarias.

Para que los estudiantes mejoren sus oportunidades en la vida necesitan ver algún valor en las Matemáticas y al mismo tiempo, necesitan confiar en sus habilidades; es decir, necesitan adquirir una "auto-estima Matemática". Precisan entender que las Matemáticas dan sentido al mundo, a lo que encuentran a su alrededor y requieren, al mismo tiempo, confrontar y resolver nuevas situaciones-problema.

Las concepciones curriculares sobre las Matemáticas. Otro aspecto que influye en las actitudes y en el rendimiento en Matemáticas es el deficiente plan de estudios (Perrenoud, 2000), pues salvo algunas excepciones, la metodología ha estado reducida mayoritariamente a explicaciones por parte del profesor y reproducción por parte del alumno, y se han creado compartimientos estancos con las restantes disciplinas, obligando a las Matemáticas a revestirse de un cierto carácter elitista y selectivo que, desafortunadamente, aún no ha perdido del todo.

Además, es la asignatura en la que se utilizan menos recursos innovadores. Hoy, utilizar el libro de texto, la libreta, el lápiz, la pizarra y la tiza no resulta motivador para unos alumnos que tienen ante sí materiales y tecnologías que les ofrecen otras posibilidades y alternativas.

Sin embargo, los trabajos en equipo, debates, juegos, resolución de problemas, proyectos y reflexiones ayudan a superar las actitudes negativas.

Fernández Bravo (2000), propone:

- Basar la educación en la experiencia, el descubrimiento y la construcción de los conceptos, procedimientos y estrategias; más que en la instrucción.

- Basar la educación en estrategias de falsación o contraejemplos, evitando "bien" o "mal" como autoridad que sustituye a la evidencia.

- Extender y transferir los conocimientos generando articuladas redes de aplicación.

- Atender a la manipulación de materiales con actividades que optimicen el entendimiento, que provoquen, desafíen, motiven porque actualizan las necesidades del alumno.

- Simplicidad, claridad y precisión en el lenguaje utilizado en la presentación de las actividades o enunciación de los conceptos.

- Respetar al alumno cuando vive el acto de pensar.

- Potenciar la autoestima, la confianza, la seguridad,…

- Habituar al alumno a explicar; fundamentar mediante argumentos lógicos sus conclusiones, evitando eso de "porque sí".

- Familiarizarles con las reglas de la lógica para permitir el desarrollo y la mejora del pensamiento. Esta familiarización no debe ser penosa y ardua para el alumno, sino todo lo contrario: una forma de jugar a crear relaciones, contrastando las respuestas antes de optar por una de ellas.

Uno de los elementos claves de la práctica educativa son las *actividades* mediante las cuales el profesor explica su currículo en acción, y a través de su análisis puede desvelar su estilo docente, su conocimiento y actuación profesional. Es de gran importancia estructurar una serie de aprendizajes por la vía de la "observación, la experimentación, las hipótesis, las demostraciones; además de mirar, dibujar, recortar, hacer, funcionar, calcular, etc." En fin, llegar por la vía experimental a una educación matemático-empírica, o sea, llegar a los modelos abstractos por la vía de los modelos concretos (Akey, 2006). Hablamos de una clase que posea agilidad, trabajo en equipo, debates, prácticas, fotografías y posters, libros, juegos de ingenio, estrategia, combinatoria, azar, etc. Pues como dicen Bazán y Aparicio (2006), mejorar las actitudes implica actividades que desarrollen las habilidades Matemáticas, desarrollen la creatividad y estimulen la imaginación.

Boaler (2003) indica que las principales actividades que realizan los profesores y los alumnos de una clase producen escolares distraídos. No es de extrañar, ya que esta disciplina, a menudo se enseña descontextualizada de las otras áreas curriculares y sin ninguna relación con otros ámbitos de la vida real del alumno; por lo cual, en el aula se enfatiza en la resolución de problemas en forma mecánica y repetitiva, coartando con ello la producción del conocimiento matemático.

Por tal razón, la enseñanza no debe concebirse como una acción encaminada a la transmisión de conocimientos, es decir, a la transmisión mecánica de información, por parte de un sujeto activo (docente) a un sujeto pasivo (alumno). A su favor, cabe señalar que, serán las actividades que se propongan (el «Plan de actividades» que desarrollarán los alumnos y el profesor), las que marquen la diferencia. Deberán integrar los objetivos con los contenidos de las Matemáticas y de las demás asignaturas. Cuanto más amplio y variado sea el espectro de actividades experimentadas (individuales y grupales) más cerca estaremos de conseguir las competencias propuestas.

La enseñanza basada en reglas, memorización, algoritmos, demostración y en aprendizaje pasivo provoca en los alumnos un entorpecimiento de su pensamiento crítico y del desarrollo de la resolución de problemas, de la transferencia y aplicación de habilidades e impotencia, ya que los alumnos creen que sus propios esfuerzos son irrelevantes, porque el profesor es quien tiene el control (Delgado, Inglés y García-Hernández, 2013).

Por el contrario, los beneficios del aprendizaje basado en actividades constructivistas incluyen variedad de habilidades y de competencias como colaboración, planeación de proyectos, toma de decisiones, aumento en la motivación, mayor participación en clase y mejor disposición para realizar las tareas, conexión entre el aprendizaje escuela-realidad, desarrollo de la autoestima y que encuetre significado para querer aprender. Así mismo, el uso de contextos puede incrementar el interés de los alumnos por las Matemáticas, favorecer el que aprendan a usarlas en escenarios no exclusivamente escolares y descubrir cuáles son relevantes para su educación y su futuro profesional.

Es decir, procurar que en la clase se tiendan puentes entre las aulas y la vida circundante, utilizar los hechos que son noticia para los alumnos, potenciarlos como actores de su propio aprendizaje, estimularlos para que sean ellos los que propongan las actividades y los que las trabajen en función de sus intereses, pues así su mente se abre, y la del profesor se expande y se llena de nuevos matices y perspectivas más amplias (Corbalán, 1995).

En fin, los profesionales debemos tomar conciencia del carácter globalizador e interdisciplinar que debe tener cualquier intervención educativa si queremos asegurarles a nuestros alumnos un aprendizaje significativo y funcional.

Las actividades basadas en su realidad concreta y personal, motivadoras, dinámicas, interdisciplinares, dónde la dimensión afectiva forme parte del currículum, favorece las ganas de aprender y de hacer frente a los problemas que se presentan en el día a día, en la clase.

De Guzmán (1990), señala que la enseñanza a través la resolución de problemas es actualmente el método invocado para poner en práctica el principio general de aprendizaje activo ya que permite al alumno:

- Manipular los objetos matemáticos
- Activar su propia capacidad mental
- Ejercitarla creatividad
- Reflexionar sobre su propio proceso de pensamiento para mejorarlo conscientemente
- Transferir las actividades a otros aspectos de su trabajo mental
- Adquirir confianza en sí mismo
- Divertirse con su propia actividad mental
- Prepararse para otros problemas de la ciencia y de su vida cotidiana
- Disponerse para nuevos retos de la tecnología y de la ciencia

Basándonos en experiencias como la de Callejo (2004) se deben combatir los aspectos más negativos de la competitividad académica; aprovechar cualquier ocasión para explicarles que todos tenemos habilidades en algo, y que lo más importante es respetar a cada persona como es. Ser conscientes de que todas las habilidades se pueden aprender y perfeccionar en diferente grado, dependiendo del esfuerzo y del trabajo diario teniendo en cuenta el punto de partida de cada uno.

Se ha de buscar una contextualización o tematización de algunas partes de las Matemáticas elementales, que cumplan con las siguientes condiciones:

- Que los temas sean conocidos para los alumnos y referentes a sus situaciones cotidianas; Matemáticas en acción.

- Problemas con distinto grado de dificultad.

- Reflexionar sobre su propio aprendizaje.

- Facilitarles la expresión y comunicación de las ideas mediante la resolución de problemas en grupo, propuestas en común y discusiones acerca de la resolución de cada problema, tratando de hacer explícitas las ideas, las estrategias, los razonamientos o los bloqueos presentes en los procesos de resolución.

- Disponer de un gran número de actividades variadas, graduadas y ordenadas según su dificultad para afrontar los problemas. Ya que a los alumnos con menor capacidad, desmotivados por el trabajo escolar y que apenas comprenden los conceptos implicados, les cuesta más esfuerzo y más tiempo terminar el trabajo en el horario escolar fijado.

- Utilizar técnicas de trabajo cooperativo y organizar a los alumnos en equipos de trabajo; lo que permitirá realizar actividades en las que la interacción entre los propios alumnos sea el elemento fundamental del aprendizaje y, especialmente para conseguir que se acepten como son y que comprendan que cada uno dispone de una capacidad y un ritmo de trabajo y, de esta manera aportar al grupo aquello que entra dentro de sus posibilidades.

La labor del profesorado en el grupo debe suscitar la participación de todos los componentes, animar a los más pasivos y evitar que monopolice la palabra un único estudiante (Gil, Guerrero y Blanco, 2006).

- Gestionar actividades motivadoras con el fin de suscitar interés y curiosidad y variar para no caer en la monotonía. No se puede olvidar que la motivación del alumno por el aprendizaje escolar es la clave de todo el sistema, incluido su autoconcepto académico (Ernest, 1994).

El hecho de planificar contenidos y actividades adaptados a la diversidad de los alumnos tiene mucho que ver con el miedo al fracaso y con la necesidad de logro de los alumnos. Tan contraproducente es la excesiva necesidad de logro como el inmenso miedo al fracaso (Rico, 2005).

Los alumnos con más capacidad acaban rápidamente y se debe disponer de actividades complementarias para aprovechar las posibilidades de su nivel intelectual y para que no molesten a sus compañeros.

Siguiendo las indicaciones de Sánchez (2011) se debe promover el discurso interactivo y dialógico, y Ponte (2006) subraya el especial papel de las preguntas de investigación (que admiten una variedad de respuestas legítimas), confirmación (para las cuales sabe de antemano la respuesta) y focalización (para captar la atención de todos los alumnos).

Desde esta premisa, cuanto más amplio y variado sea el espectro de actividades (experimentadas) en que el alumno esté inmerso, mayores serán las oportunidades para desarrollar la enseñanza-aprendizaje de la asignatura (Figura10).

Entendemos estas actividades como situaciones vitales en las que el educando se encuentra inmerso. A través de ellas se originan los aprendizajes donde se pone en juego una o varias capacidades. De este modo el profesor pasa de ser unintermediario entre la asignatura y el alumno a ser un «auxiliar» en el descubrimiento, en la construcción y en la elaboración de la Matemática que está trabajando.

Figura10. Espectro de actividades

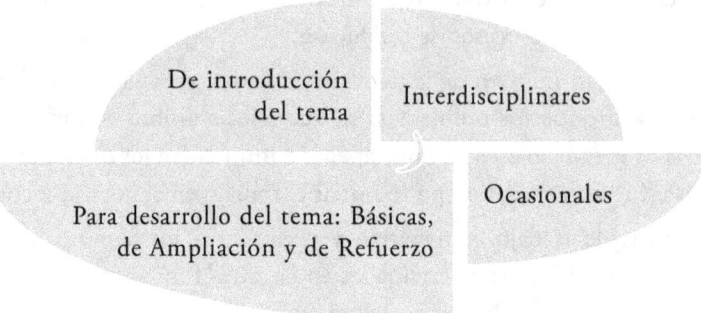

En Mato y de la Torre (2011), se especifican, a manera de ejemplificación, un listado de actividades (individuales y grupales) para que el profesor persiga el avance en el desarrollo de la autonomía, responsabilidad, compromiso social y personal en la formación de sus estudiantes.

El énfasis de estas actividades reside, principalmente, en la capacidad del profesor para diseñar situaciones, adaptar a las características de los alumnos de su aula, e implementar el seguimiento del proceso de aprendizaje de cada escolar, que sirva para conseguir los objetivos y las competencias propuestas en su Programación (Figura11).

Figura11. Actividades (Mato y de la Torre, 2011).

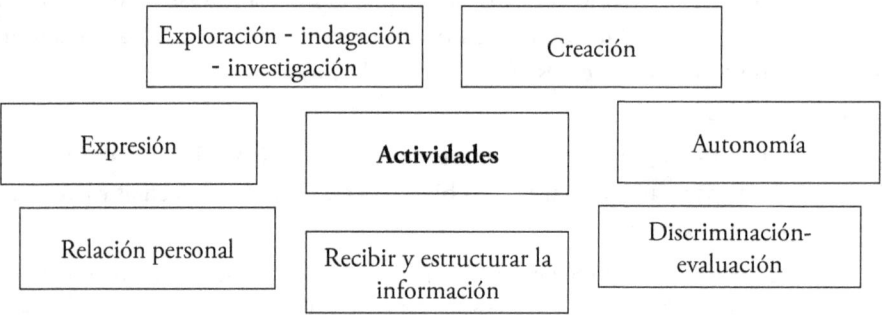

Otro elemento clave para poder llevar a cabo estas actividades son los *materiales y recursos* de que se dispone en las aulas para efectuar metodologías prácticas y participativas que provoquen y favorezcan el aprendizaje de la materia, y el desarrollo de una visión matemática de la realidad: «ver» la matemática que hay en todo lo que nos rodea, «matemática en la vida» y «para la vida». Lógicamente, atendiendo, siempre a las necesidades, características y peculiaridades del alumnado. Esa mejora de los aprendizajes implica concederle una importancia creciente al uso de los materiales didácticos como una estrategia de concreción de las ideas que, generalmente, es ignorada a partir de los 8 años. Es frecuente que en E. Infantil y en el primer ciclo de Primaria se empleen bloques lógicos, cuentas, cubos u otros materiales de construcción. Sin embargo, desde el segundo ciclo es poco probable encontrar materiales de este tipo en las clases de Matemáticas. Las razones que dan los docentes son la falta de tiempo y la indisciplina. Tratan de justificarse a la hora de argumentar la poca confianza que les ofrece el empleo de otros medios que no sea el encerado, el cuaderno y el libro de texto. Más está demostrado que otros materiales pueden producir en el estudiante efectos positivos, motivación, significatividad y funcionalidad (Mato, 2010a).

Deberíamos tener en cuenta que el proceso de adquisición de conceptos varía mucho de una persona a otra; cada quien tiene una estrategia para resolver un problema, para seleccionar e investigar. Pero, cada estrategia es igual de válida y los conceptos derivados del descubrimiento de un alumno no están sujetos a conclusiones predeterminadas ni adscritos a paradigmas normativos. Cada individuo aprende la realidad de un modo distinto, por cuanto cada uno la filtra según su propio bagaje de experiencias pasadas. Debemos darle por lo tanto al estudiante oportunidades de aprender y de experimentar. Esto es especialmente importante en el área de Matemáticas. Por eso nos corresponde a los profesores fomentar que los alumnos manipulen, analicen y discutan los aspectos matemáticos con material variado, pues esto hará que se mejore su interés por la asignatura (Fernández Bravo y Sánchez Huete, 2003).

Ningún plan será efectivo si no cuenta en su diseño con unos indicadores que permitan la evaluación de los aspectos fundamentales del mismo. No sólo debemos incluir *la evaluación* inicial, procesal y final, sino también indicadores que nos permitan mejorar la implantación; para eso debemos evaluar el proceso de enseñanza y los diferentes aspectos incluidos en el plan (aplicabilidad, temporalización, metodología,…) (Muñoz y Mato, 2014).

A través de la evaluación se puede cambiar la forma de aprender y la motivación por querer hacerlo. Los métodos tradicionales de evaluación, donde fundamentalmente se tenía en cuenta la asimilación de contenidos matemáticos mediante un examen escrito, y el resultado de ese examen era el único indicador, han de modificarse. Hay que complementar la evaluación con otros medios que permitan analizar un espectro más amplio de las competencias Matemáticas de los alumnos y de sus actitudes por la asignatura. El proceso, por tanto, tendrá mucho que ver con la participación y el agrado del alumno durante la sesión de clase. El profesor deberá emplear instrumentos y técnicas para generar la intervención del estudiante, y crear mecanismos de motivación para que ese alumno actúe de manera dinámica dentro del aula. No es fácil, ni para los alumnos ni para el profesor. Hay muchas inercias y cambiarlas requiere tiempo. Ni siquiera todos estarán dispuestos a hacerlo; la tendencia es esperar que sea el profesor el que impulse la formación, pero el estudiante deberá ser más proactivo, y sólo lo será con la iniciativa, preparación y voluntad del profesor. Y además, con el convencimiento de que esta manera de trabajar la Matemática produce alumnos con más entusiasmo y con mejores actitudes por la enseñanza-aprendizaje de la materia. Seamos conscientes de que la enseñanza no funciona como la industria, sino que debemos responder a una pregunta esencial: «¿qué puedo hacer por mis alumnos para que aprendan y disfruten haciendo Matemáticas?». La idea de profesor reflexivo subyace a este planteamiento que nos hacemos, e implica estar inmerso en un proceso de investigación-acción al que invitamos desde estas páginas a todos los implicados en la educación Matemática.

Desde este paradigma, no es suficiente conocer todos los libros de texto, el programa o las tecnologías. Es necesario tener capacidad de comunicar, de escuchar, de dar sentido, de trabajar y crear sinergias, de relacionar las experiencias y de reflexionar sobre ellas, además de regular los aprendizajes a nivel individual. Ahora bien, uno de los grandes problemas que se plantean en la enseñanza de las Matemáticas queda reflejado en la rueda de Dyer (Figura 12).

Figura12. Rueda de Dyer.

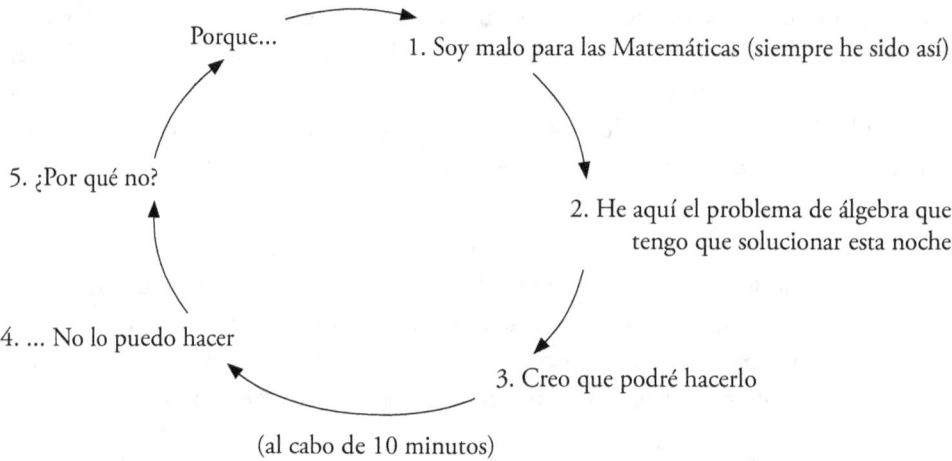

Porque...

1. Soy malo para las Matemáticas (siempre he sido así)

5. ¿Por qué no?

2. He aquí el problema de álgebra que tengo que solucionar esta noche

4. ... No lo puedo hacer

3. Creo que podré hacerlo

(al cabo de 10 minutos)

En muchas ocasiones se acepta el paso del 3 al 4 como algo que viene impuesto, sin buscar soluciones ni luchar contra esa situación. No tiene sentido aceptar esa actitud tan general de considerar las Matemáticas como disciplina tediosa, difícil de entender e inútil, se trata de buscar soluciones constantemente (Guerrero, Blanco y Vicente, 2002). Y para eso necesitamos varias cosas: En primer lugar, una actitud del alumno positiva hacia la enseñanza, y en segundo lugar, una actitud favorable del profesor. En tercer lugar una apertura a cualquier tipo de recursos para su enseñanza. Esto último no es algo separado de los anteriores, sino más bien una ayuda para poder desarrollarlos.

Uno de los objetivos principales en educación Matemática es que el alumnado sea capaz de desarrollar y aplicar estrategias para la resolución de problemas; que desarrolle y perfeccione las suyas propias, a la vez que adquiera otras generales y específicas que le permitan enfrentarse a las nuevas situaciones con probabilidad de éxito. Se pueden proponer problemas sugerentes, despertar el interés por la actividad Matemática, dar pautas e indicaciones, ayudar a los estudiantes a explicitar sus procesos de pensamiento y a reflexionar sobre ellos, etc. Sin embargo, debemos tener en cuenta que la manera de abordar la resolución de problemas es algo muy personal y en este sentido lo que se puede hacer es ayudar a cada estudiante a descubrir su propio estilo, sus capacidades y sus limitaciones. No se trata pues de transmitir solamente métodos, reglas heurísticas o trucos, sino de abordar las actitudes y habilidades que conducen a estos procedimientos, partiendo de sus propias experiencias (Callejo y Vila, 2003; Martínez Padrón, 2011).

Debemos atender a la manipulación de materiales con actividades que optimicen el entendimiento, que provoquen, desafíen, motiven porque actualizan las necesidades del alumno. Simplicidad, claridad y precisión en el lenguaje utilizado en la presentación de las actividades o enunciación de los conceptos. Respetar al alumno cuando vive el acto de pensar. Potenciar la autoestima, la confianza, la seguridad,...(Fernández Bravo, 2003).

Por último, se les pide a los estudiantes que lleven a cabo una reflexión individual sobre los aprendizajes realizados para que comprenda que el objetivo final del trabajo realizado es aprender los contenidos o las habilidades propuestos y que las actividades sólo son un medio para lograrlo y para consolidar ese aprendizaje.

Se trata de un proceso activo en el que se deben analizar los siguientes aspectos:

- Propósito: ¿Qué aprender? Se analiza el propósito de la tarea y el porqué es importante realizarla.

- Estrategia: ¿Cómo aprender? El modo en que se organiza la tarea y la mejor forma de llevarla a cabo.

- Revisión: ¿Cuánto he aprendido? Se analizan los resultados obtenidos y se comparan con los propósitos para ver si las actividades se han realizado con éxito.

Y lo más importante, *¿cómo se sienten?*

Se debe evaluar para aprender. Ofrecer información de carácter formativo y orientador (Swars, Daane y Giesen, 2010), y animar a los centros para que la incorporen al análisis y a la reflexión en sus prácticas diarias, como una dinámica habitual que les permita conseguir que todo el alumnado pueda alcanzar el máximo nivel de competencias sin exclusión (Arreaza et, al., 2009).

Sobre estas cuestiones, y en su condición de miembros de la Comisión de Educación del Comité Español de Matemáticas los profesores Recio y Rico (2005) proponen:

1. Un pacto de Estado sobre la enseñanza de las Matemáticas para que los rendimientos escolares mejoren.

2. Un plan de formación de profesores de Matemáticas de Secundaria como un conjunto de consideraciones pedagógicas, retóricas, generales, y de incorporación de nuevas tecnologías, y los procesos de aprendizaje basados en competencias.

3. Un plan de formación para profesores de Primaria. (En el momento que los autores

se pronunciaban, se podía enseñar Matemáticas en la escuela Primaria sin otros conocimientos que los adquiridos por el maestro hasta los 14 años, más un 4% del total de horas dedicadas a su formación como maestro en la Universidad). Actualmente, incorporados los grados no es la misma situación, pero tampoco disponemos de estudios que puedan certificar si se han producido cambios al respecto.

4. Incentivar la actuación de todos los colectivos implicados en la enseñanza-aprendizaje de las Matemáticas, las sociedades de profesores, las sociedades Matemáticas, las investigaciones en educación Matemática, las academias y conferencias o los grupos sectoriales vinculados con las Matemáticas, así como los coordinados a través del Comité Español de Matemáticas.

La relación que se genera entre profesor y alumno. Dada la importancia de la Matemática en la formación integral y en el desarrollo de la autonomía del alumno, consideramos necesario realizar una profunda reflexión sobre la práctica pedagógica, sobre qué se hace y cómo se hace. Efectivamente, el profesor desempeña un papel esencial en el proceso de enseñanza-aprendizaje pues dirige e interviene sobre el alumno y el currículum; adapta los contenidos, modifica las metodologías, los motiva, reflexiona sobre su implicación y procura el rendimiento de todos, dentro de las posibilidades individuales de cada quién (Barbero, Olgado, Vila y Chacón, 2007; Murillo Torrecilla y Hernández Castilla, 2011).

Además, como indica Estrada, Batanero y Fortuny (2003) debe utilizar un enfoque interdisciplinar que permita construir saberes adecuados para una situación, utilizar diferentes materias y no implique la desvalorización de conocimientos de las disciplinas usadas ni de las personas que los aplican.

El desarrollo del currículo no es suficiente por sí mismo para generar actitudes positivas hacia las Matemáticas. Es preciso también que las relaciones profesor-alumno, que a partir de él se generan, sean igualmente positivas (Ramírez, 2005; Akey, 2006; Broc, 2006; Fierro-Hernández, 2006 y Gargallo y al., 2007).

Además las relaciones maestro-alumno-contenido han de establecer condiciones para el encuentro entre el deseo de enseñar del docente y el deseo de aprender del alumno.

Esto incluye tomar decisiones conjuntamente sobre diversos aspectos relativos a la asignatura, a la clase, los tiempos, la evaluación; establecer normas y pactos, fomentar la actitud reflexiva ante la labor del otro y de su propia labor…

Esto supone que:

• El profesor tenga una personalidad equilibrada, transmita seguridad y confianza en sí mismo, y que sus actitudes e intereses hacia las Matemáticas sean positivas. Sólo así podrá motivar los sentimientos y actitudes del estudiante.

• La predisposición del profesor hacia la materia vaya acompañada de una adecuada formación científica y una fundamentación didáctica sólida. El profesor que se sienta deficiente en alguna de esas áreas (la didáctica o el contenido curricular) debe procurarse medios de formación, utilizando para ello, y reclamando si fuera preciso, los que le da la sociedad.

• El profesor muestre, en su desempeño, total respeto al alumno evitando los aires de suficiencia, la intolerancia y la arbitrariedad, ya que puede generarle temor, y luego hacerse extensivo hacia la asignatura.

• El profesor de Matemáticas debe ser compensador de desigualdades, evitar caer en los estereotipos de la Matemática, impedir el tratamiento discriminativo por cualquier razón, y reforzar los aprendizajes de los estudiantes que tienen poca confianza en sí mismos.

•Prestar atención a las experiencias Matemáticas de los alumnos en las primeras edades y, sobre todo, alrededor de los 11 años. Tengamos en cuenta que para que las actividades Matemáticas sean significativas para los niños, tienen que encontrar sentido en lo que hacen, por lo que es fundamental crear espacios ricos y sugerentes que propicien el aprendizaje autónomo, dando tiempo para que se desarrollen las relaciones afectivas y sociales, con actividades abiertas para que todos puedan participar en ellas (Todolí Bofí, 2009).

• Que la atención a los alumnos procure disminuir los niveles de actitudes negativas evitando identificar capacidad y buenos rendimientos, disminuyendo el valor de algunos errores y evitando gratificarles, exclusivamente, en función de los resultados. Un buen planteamiento matemático que busque afianzar la seguridad de la persona con respecto al aprendizaje matemático debe plantear metas muy cortas, con graduación de dificultades que permitan al alumno alcanzar fácilmente resultados y sea, por tanto, conocedor de éxitos y, consecuentemente, pueda percibir su propio progreso.

• La anulación de la ansiedad del alumno viene muy ligada al valor escolar, familiar y social que se le da a su rendimiento en Matemáticas, que parece desmesurado, dado el desfase actual entre desarrollo curricular y desarrollo cognitivo (Morales, 2006; Kazelskis, 2000). Hay que apuntar que las expectativas de los profesores, padres y alumnos son a veces muy superiores a las posibilidades de las personas. Sobre todo si no se atiende al funcionamiento cognitivo y afectivo del alumno en el contexto social, cultural y escolar en el que está inmerso. Desde este paradigma el aprendizaje es un proceso multidimensional que integra factores sociales e individuales, y el conocimiento es posible por el significado que el alumno le atribuye y la interpretación que hace del contenido y del contexto (Caballero y Blanco, 2007). De esta manera él mismo genera su propio conocimiento a partir de las ideas previas, y crea también estrategias para utilizar intencionadamente siempre que lo crea necesario (Guerrero, Blanco y Gil, 2006). Esto es lo que llamamos "aprender a prender".

El profesor tiene que enseñar a aprender, no se trata de cantidad de contenidos, sino autonomía, significatividad, sentido, y relación con la afectividad que tiene lugar en la enseñanza-aprendizaje de las Matemáticas.

Es muy importante la relación entre las actitudes, las creencias del profesor y el rendimiento, y entre las actitudes, las creencias y el rendimiento de los alumnos (Hughes y Kwok, 2006; Kesici y Erdogan, 2009; Karasel, Ayda y Tezer, 2010). Así, por ejemplo, si un alumno llega a clase con una mala predisposición hacia las Matemáticas, la solución de los factores externos no ayudará mucho a la mejora de su rendimiento: antes de nada, se deberá intentar mejorar su disposición hacia el aprendizaje y su actitud frente a la asignatura.

Fierro-Hernández (2006) realiza un programa de educación en actitudes y valores para analizar el rendimiento con alumnos de 4º de ESO. Señala que, si los profesores muestran interés en su trabajo, se producen mejoras significativas en las actitudes de los estudiantes. Al respecto, las aportaciones de Broc (2006) y Mato y Muñoz (2008) sobre la enseñanza, la motivación y el rendimiento en esta materia, van en la misma línea: la educación explícita, la práctica de normas de comportamiento aceptable, la persistencia en la solución y disposición para solucionar los problemas, pueden dar como resultado la satisfacción del alumno, el entusiasmo por querer resolverlas y por verse a sí mismos autónomos y motivados para desenvolverse bien en esta asignatura.

La actitud positiva del profesorado y las experiencias escolares marcan profundamente la relación emocional con las Matemáticas. Por lo tanto, la cognición y la afectividad se deben desarrollar simultáneamente en todos y cada uno de los niveles educativos. Y no solo eso, sino permitir el aprendizaje autónomo, continuo y permanente, el uso de estrategias, el desarrollo de conocimientos y habilidades, la motivación, los ambientes de aprendizaje, el fijarse metas, evaluar lo conseguido y la gestión emocional como elemento esencial del desarrollo de la persona integralmente, y su capacitación en la vida cotidiana y en su bienestar personal y social (Darder y Bisquerra, 2000).

LAS CREENCIAS ACERCA DE LAS MATEMÁTICAS

Concepto de las creencias acerca de las matemáticas

A menudo escuchamos a los estudiantes frases como: las Matemáticas no me gustan, son difíciles, no se me dan bien, que rollo, que fastidio, nos toca Matemáticas... Ideas que se han generado en la mente del alumnado después de repetidas situaciones, en las que se han formado una percepción de las Matemáticas equivocada.

Creen que lo importante no es comprender, si no memorizar, por lo que sus sentimientos son de frustración y rechazo hacia la materia, debidos a la no vinculación de la Matemática formal con las experiencias cotidianas y a la visión que tienen de que es una ciencia sin sentido o fuera del alcance de su comprensión.

Si las actitudes o disposiciones hacia las Matemáticas que se crean en los primeros años son favorables, (ya sean variables personales, familiares o escolares), se manifestarán con declaraciones de creencias, sentimientos sobre la asignatura y conductas que también lo serán.

El autoconcepto sobre las Matemáticas corresponde a las creencias, sentimientos o actitudes que una persona tiene de sí misma, sobre su habilidad para entender o desenvolverse en situaciones que involucran a las Matemáticas de creer que se es capaz o no de aprender y desarrollar actividades Matemáticas, a las cuales percibe como un objeto de actitud, más que como una materia escolar.

Como dice Rayner, Pitsolantis y Osana (2009), las creencias hacia las Matemáticas pueden verse como indicadores de las exposiciones a las que fue sometido el alumno y como predictores del desempeño que tendrá al cursar una materia de Matemáticas.

El desarrollo de tales creencias ha generado prejuicios negativos hacia el proceso de enseñanza-aprendizaje. Estos prejuicios a su vez generan sentimientos de temor u odio que conducen al niño a rechazarlas.

Las creencias son verdades personales, y representan construcciones que el sujeto realiza en su proceso de formación para entender su mundo, su naturaleza o su funcionamiento, y juegan un papel preponderante tanto en la generación de comportamientos y acciones específicas, como en la mediación para la comprensión de los mismos (Gómez Chacón, 2003). Es por eso, que las creencias ocupan un lugar destacado en la Didáctica de las Matemáticas.

Para Martínez Padrón (2008) son conocimientos subjetivos y con un referente cognitivo que condicionan lo afectivo de los sujetos, predisponiéndolos a actuar según ello.

Vicente (1995) delimita el sentido de creencia al asentimiento o aceptación de una comunicación de otras personas, y Gardner (2001) se fundamenta en la idea de contraponer creer a conocer por la verificabilidad del conocimiento.

Por su parte, Thompson (1992) afirma que las creencias se caracterizan por poder ser sostenidas con varios grados de convicción y por no ser consensuales, y se presentan en grupos formando sistemas de creencias, según la forma en que se cree y no por su contenido.

Otra acepción es la de Pajares (1992) quién destaca los componentes cognitivo, afectivo y conductual de la creencia, y para Flores (1998) el término creencia se atribuye a una actitud y a un contenido.

La actitud contempla el grado de probabilidad de certeza y la predisposición a la acción, confiriendo un carácter emotivo no explícito. El contenido encierra un conocimiento que no necesita formularse en términos de modelos compartidos, y que se caracteriza por no haber sido contrastado.

En el modelo de Gil (2003) las creencias son verdades personales indiscutibles, sustentadas por cada uno, derivadas de la experiencia o de la fantasía, que tienen un fuerte componente evaluativo y afectivo. Y Gómez-Chacón (2003) las considera estructuras cognitivas que permiten al individuo organizar y filtrar las informaciones recibidas y que van construyendo su noción de realidad y su visión del mundo.

Las creencias se manifiestan a través de declaraciones verbales o de acciones (justificándolas) (Gil, Blanco y Guerrero, 2005).

La idea de Bower (2001), es que las concepciones de los docentes sobre la educación, sobre el valor de los contenidos y sobre los procesos propuestos por el currículo los llevan, entre otros, a interpretar, decidir y actuar en la práctica, es decir, a seleccionar los libros de texto, adoptar estrategias de enseñanza o evaluar. Por esta razón, la influencia que tienen las concepciones sobre el actuar de los docentes ha hecho que éstas sean consideradas elementos esenciales para comprender los procesos de enseñanza-aprendizaje que se dan en el aula vinculados a las Matemáticas.

Esto explica que en el lenguaje educativo se empleen otras palabras como visión, concepción, pensamiento, en lugar de creencias. También porque no hay consenso unificado para distinguir los términos concepción y creencia. Por ejemplo, Pajares (1992) caracteriza las creencias distinguiéndolas de una manera muy sutil de las concepciones, y Morales (2003) hace lo mismo entre conocimiento, creencias y concepciones.

Thompson (1992) las diferencia explícitamente al expresar que las concepciones están compuestas de creencias y otras representaciones, pero en otros contextos las trata como sinónimos.

Por su parte Ponte (1999) considera que el sistema de creencias no requiere un consenso social relativo a su validez o adecuación, e incluso, las creencias personales no requieren consistencia interna. Añade que las creencias y concepciones forman parte del conocimiento y de las primeras dice que son las "verdades" personales indiscutibles, derivadas de la experiencia o fantasía, con un fuerte componente evaluativo y afectivo, mientras que las concepciones son los marcos organizadores implícitos de conceptos, de naturaleza esencialmente cognitiva y que condicionan la forma de abordar las tareas.

Tanto las concepciones, como las creencias tienen un componente cognitivo.

La distinción entre ambas reside en que las primeras son mantenidas con plena convicción, son consensuadas y tienen procedimientos para valorar su validez, y las segundas, no (Thompson, 1992).

En el desarrollo de Murillo Torrecilla, y Hernández Castilla (2011) se consideran las creencias hacia los profesores, como una de las variables que incide en su práctica educativa, ya que su conducta guía el sistema personal de creencias y valores.

Es importante reseñar el punto de vista del alumno y el análisis de sus creencias sobre la materia, ya que para un individuo, sus creencias son verdades personales indiscutibles, sustentadas por cada uno, derivadas de la experiencia o de la fantasía, y que tienen una fuerte componente afectiva (Gil, 2003). Son, por lo tanto, una comunicación de intenciones y una guía cognitiva, que pueden facilitar o bloquear el aprendizaje, y dan una relación entre la información almacenada y la realidad (Gómez-Chacón, 2006).

La explicación de Gil, Blanco y Guerrero (2005) hace una distinción entre las concepciones como creencias conscientes de las creencias básicas, que son con frecuencia inconscientes y que tienen una componente afectiva más enfatizada. Añaden que en la formación del sistema de creencias del alumno influyen tanto la autopercepción como su experiencia.

Así, explorar el sistema de creencias de los alumnos y la relación entre éste y su manera de afrontar los problemas matemáticos resulta de una gran ayuda para el profesorado, ya que le dará una base para cambiar las creencias que de alguna manera los limiten o bloqueen en la resolución de actividades Matemáticas (Gómez-Chacón, 2002).

Esta autora se centra en cuatro áreas de interés:

- Identificar y describir las creencias del individuo.

- Determinar las influencias del sistema de creencias.

- Conocer cómo se originan y desarrollan los sistemas de creencias.

- Buscar condiciones que propicien un cambio de creencias.

Además, la relación existente entre los afectos, y en particular las creencias, y la Matemática es cíclica: la experiencia previa del alumno influye a la hora de aprender y en la formación de creencias, y por otro lado las creencias del alumno tienen una consecuencia directa en su forma de aprender, por lo que resulta importante romper ese círculo, si es posible, mediante su modificación.

Ahora bien, es importante subrayar (pasa lo mismo con las actitudes) que nadie nace con creencias hacia la Matemática, sino que son el resultado de un largo proceso evolutivo en el que el autoconcepto, la confianza en uno mismo y la autoeficacia percibida juegan un rol fundamental.

Los fenómenos afectivos hacia las Matemáticas se enseñan y se aprenden en un determinado contexto, sea éste familiar, escolar o social, o sea en complejas situaciones cargadas de significados, que se dan entre los estudiantes, sus docentes y el saber matemático. Lo que debemos tener claro es que deben ser considerados cuando se quiere cambiar una realidad donde, habitualmente, está presente el fracaso.

La acepción de McLeod (1993) al definir las creencias es que son experiencias y conocimientos subjetivos (imágenes) del estudiante o del profesor.

Ahora bien, otras personas, fuera del ámbito escolar, tienen también creencias sobre las Matemáticas, ya sea por la presencia de esta ciencia en la vida cotidiana para contar, calcular, medir, orientarse, diseñar, ya sea porque la mayoría de las personas han tenido relación con las Matemáticas en su etapa de escolarización.

En cuanto a la naturaleza de las Matemáticas, podemos señalar tres enfoques que se pueden resumir de la siguiente manera:

- Instrumentalista: las Matemáticas constituyen una acumulación de hechos, reglas y habilidades que pueden ser usados en la ejecución de algún fin externo.

- Platónico: las Matemáticas son un cuerpo de conocimientos estático y unificado; son descubiertas, no creadas.

- Resolución de problemas: las Matemáticas son un campo de la creación e invención humana en continua expansión. Son un producto cultural no acabado y sus resultados están abiertos a la revisión.

Hay que hacer notar el hecho de que la creencia es la categoría que subsume toda la información que el sujeto tiene sobre el objeto (Morales, 2003). En ella quedan englobados conceptos como idea, opinión, información, estereotipo y todo aquello que esté relacionado con el ámbito del conocimiento. Una creencia, por lo tanto, aparece cuando a un objeto se le asigna un atributo considerado como un aspecto discriminable del mundo del individuo.

Las creencias, dentro del área actitudinal, son concebidas como convencimiento del sujeto, a partir de la información poseída, de que realizando una conducta dada obtiene resultados -positivos o negativos- para él.

Debemos tener en cuenta que, aunque las creencias son principalmente cognitivas por naturaleza, juegan un papel importante en el desarrollo de las respuestas actitudinales y emocionales con respecto a las Matemáticas.

La confianza (las creencias sobre la competencia de uno mismo en Matemáticas) se debe distinguir de los sentimientos de incompetencia, pues la confianza decae al tiempo que los estudiantes avanzan en las Matemáticas escolares, lo que es particularmente alarmante si se considera que la confianza en el aprendizaje de las Matemáticas tiene una relación relativamente fuerte y positiva con la actuación (Cockcroft, 1982), especialmente en los problemas no rutinarios (McLeod, 1993).

También se pueden entender como las convicciones que tiene el sujeto, a partir de la información que posee, de que realizando una conducta determinada obtendrá unos resultados positivos o negativos para él (Oskam, 1991).

Según Schoenfeld (2000), las creencias sobre las Matemáticas son de naturaleza variada, sobre todo acerca del cálculo, y las transmitidas de padres a hijos destacan porque son:

- Fijas, inmutables, externas, intratables, irreales.

- Abstractas y no relacionadas con la realidad.

- Un misterio accesible a pocos.

- Una colección de reglas y hechos que deben ser recordados.

- Una ofensa al sentido común en algunas de las cosas que aseguran.

- Un área en la que se harán juicios, no sólo sobre el intelecto, sino sobre la valía personal.

Creencias típicas de los estudiantes acerca de la naturaleza de las Matemáticas

Las creencias típicas de los estudiantes acerca de la naturaleza de las Matemáticas son las siguientes (Schoenfeld, 2000):

- Los problemas matemáticos tienen una y solo una respuesta correcta.

- Existe una única manera correcta para resolver cualquier problema; usualmente la regla que el último profesor ha mostrado en la clase.

- Los estudiantes corrientes no pueden esperar entender Matemáticas; solo esperan memorizarlas y aplicarlas cuando hayan aprendido mecánicamente y sin entender.

- La Matemática es una actividad solitaria realizada por individuos en aislamiento.

- Los estudiantes que han entendido las Matemáticas que han estudiado podrán resolver cualquier problema que les asignen en 5 minutos o menos.

- La Matemática aprendida en la escuela tiene poco que ver con el mundo real.

- Las pruebas formales son irrelevantes en el proceso de descubrimiento o invención.

Estas creencias de los estudiantes sobre las Matemáticas están ligadas a tres componentes:

- La educación Matemática: concepción, aprendizaje y enseñanza de las Matemáticas.

- El contexto de aula: el papel y funcionamiento del profesor, de los compañeros de clase y las normas y prácticas socio Matemáticas de la clase.

- Sobre sí mismo: el valor de su trabajo, su control y su eficacia.

El origen de las creencias

La postura de Buck (1999), es que son soluciones frustradas a problemas que surgen mientras los alumnos interaccionan con el profesor y con sus compañeros. Las creencias sobre las Matemáticas son, por consiguiente, formadas por el ambiente y por la enseñanza en la clase. En cualquier aula de Matemáticas, lo que se construye no son sólo conceptos sobre el contenido y el significado de las Matemáticas, ni tampoco lo que influye en la adquisición del conocimiento formal, sino que cada persona crea también un concepto único de la enseñanza, del aprendizaje y de los acontecimientos del aula, que incluyen al resto de los participantes, sus objetivos, la interacción entre él mismo y los otros, las habilidades de los estudiantes, el conocimiento del profesor y las reglas de comportamiento.

También Pérez y Guillén (2007) analizan:

- Las creencias de los profesores sobre las Matemáticas.

- Que los alumnos consideren la presencia de esta ciencia en sus actividades cotidianas.

- La presencia en la mayoría de las actividades científicas y técnicas.

Por su parte, Murillo Torrecilla, y Hernández Castilla (2011) van más allá al considerar las creencias hacia los profesores como una de las variables que inciden en su práctica educativa, ya que la conducta del profesor guía el sistema personal de creencias y valores. Y Barrantes y Blanco (2006), se plantean el logro de que la asignatura sea ubicua en nuestras clases.

Delimitadas las creencias de esta forma, los autores se plantean que el enseñante transmite a sus alumnos su propia relación emotiva con las Matemáticas en el trabajo cotidiano en el aula, (placer, interés, curiosidad, inseguridad, rechazo...), y también sus creencias y opiniones sobre las mismas. Es aquí donde se forman las creencias sobre la materia, su enseñanza y su aprendizaje.

De ahí la importancia de incidir en la actitud del profesorado respecto de la asignatura.

Y un momento clave sería el de su propia formación en las Facultades porque las experiencias de lo que vivan será un factor decisivo para su desarrollo profesional (Castelló, 2010). Los sentimientos de miedo e inseguridad, ansiedad y bajo autoconcepto pueden trasladarse de las facultades a las aulas de la enseñanza obligatoria y trasmitir esas mismas sensaciones negativas de generación en generación (Fernández y Aguirre, 2010).

Debemos destacar que hoy la enseñanza aboga por un mayor protagonismo del alumno (actor en la construcción del conocimiento), a nuestro juicio fundamental, y se aboga por una Matemática abierta a todos los alumnos y por un método más participativo de enseñanza, ya que se pone el énfasis en el "proceso" de hacer Matemáticas, más que considerar el conocimiento matemático como un "producto" acabado.

Dicho esto, por la fuerte interacción existente entre las creencias, valores y normas sociales que gobiernan las actividades en clase, y la importancia de tener en cuenta estos aspectos para lograr el cambio antes mencionado no hay que menospreciar el hecho de que la formación de los alumnos (futuros profesores), sus expectativas, motivaciones, actitudes y las diferentes visiones de la profesión docente serán de gran influencia en sus futuros colegiales (Scher y Osterman, 2002). Por ello, atendiendo a las aportaciones de Guerrero, Blanco y Gil (2006) y Pérez-Tyteca y al., (2009) es necesario analizar su relación con la asignatura, e integrar las dimensiones afectivas en la Universidad, en la enseñanza-aprendizaje de la Educación Matemática.

En consecuencia, interesa identificar, conocer y reflexionar sobre las creencias de los profesores como una de las variables que inciden en su práctica educativa, ya que la conducta cognitiva del profesor está guiada por el sistema personal de creencias y valores que le confieren sentido a dicha conducta (Pozo, 2006).

Los conocimientos y las creencias de los estudiantes acerca de las reglas que gobiernan la clase (entre las que se incluyen las creencias sobre el rol y el funcionamiento del profesor), en interacción Matemática, operan en la construcción e interpretación del acto emocional. En este aspecto, Gil, Blanco, y Guerrero (2006) aseguran que conocer las concepciones y creencias del profesor, considerado como profesional reflexivo que toma decisiones racionales, permite comprender sus actitudes y posiciones. Cada profesor da una respuesta personal a las cuestiones del aula, aun cuando deba ajustarse a los requerimientos del currículo y a las normas de la institución educativa. Tiene objetivos que para alcanzarlos trabaja ciertos contenidos con determinada metodología y aplica criterios de evaluación para responder a las preguntas: qué, cómo y cuándo enseñar y qué, cómo y cuándo evaluar.

Hemos de considerar lo que dice Ertekin (2010) sobre que las reformas en la enseñanza de la Matemática no pueden ocurrir, a no ser que cambien las creencias profundamente sostenidas de los profesores sobre ellas y sobre su enseñanza-aprendizaje.

Estas creencias están ligadas a tres componentes:

- Visión de la naturaleza de las Matemáticas
- Visión de la naturaleza de la enseñanza de las Matemáticas

- Visión acerca de los procesos de aprendizaje de las Matemáticas.

Categorías de las creencias

Se pueden distinguir las siguientes categorías sobre la influencia de las creencias en la enseñanza-aprendizaje de las Matemáticas (Gómez Chacón, 2000):

Creencias sobre las Matemáticas.

Muchos estudiantes creen que todos los problemas de Matemáticas se pueden resolver mediante la aplicación directa de hechos, reglas, fórmulas y procedimientos mostrados por el profesor o presentado en los libros de texto. Considerando esta posición, los estudiantes estarán motivados para memorizar reglas y fórmulas pero no para relacionar distintos conceptos matemáticos, ni para pensar en lo que hacen o la utilidad de lo que tienen que hacer. Se lanzan a resolver sin reflexionar antes.

Las creencias de los estudiantes sobre las Matemáticas como una disciplina, incluyen las creencias de que las Matemáticas son importantes y las creencias sobre la utilidad percibida de las Matemáticas, lo que se ha relacionado con el éxito de los estudiantes, y con la participación en la clase. Pero también existe el mito familiar de "tú no eres bueno para la Matemática", que marca posiciones difíciles de desterrar; principalmente cuando al alumno le va mal en una evaluación. Ello produce un feedback sobre la creencia, reforzándola en la misma dirección.

Creencias acerca del aprendizaje de las Matemáticas.

En ocasiones la perspectiva que se han formado los estudiantes acerca del aprendizaje de las Matemáticas, no coincide con la realidad, lo que les puede desmotivar al encontrarse en situaciones de insatisfacción por las expectativas que ellos tenían y que no se ven cumplidas. Hay que destacar el papel primordial que juega la familia como formadora de creencias y cómo dicha red vincular tiñe los futuros aprendizajes y la modalidad relacional de las personas. Las creencias sistematizadas y compartidas por todos los miembros de la familia respecto de sus roles y de la naturaleza de su relación son transmitidas, especialmente, en lo referente a esta asignatura.

Creencias acerca del papel del profesorado en el aprendizaje y la metodología.

Los ingredientes cognitivos y emocionales pueden explicar muchas de las situaciones de fracaso en Matemáticas.

Sobre las creencias de los estudiantes sobre el papel del profesorado y sobre la metodología de trabajo, encontramos dos posturas bien diferenciadas. Una, en la que conciben a su profesor de Matemáticas como trasmisor de conocimientos, y ellos han de aprender todo lo que él les trasmite. Desde otra perspectiva constructivista del aprendizaje, el profesor no es un informador, sino que dinamiza y facilita que el alumno aprenda, porque le da significado a lo que estudia. El profesor establece una relación afectiva con el estudiante, prestando atención a sus necesidades y opiniones, teniendo en cuenta la diversidad y cuidando la interacción entre ambos.

Sin embargo, son mayoría los escolares que determinan que muchos docentes tienen problemas de conocimiento y errores similares a los de sus estudiantes (Godino, 2002). Y Contreras y Blanco (2002) aluden a profesores que no poseen suficientes recursos cognitivos y tienen deficiencias para gestionar las dificultades que se le presentan en las clases. También argumentan que construyen mal los problemas de Matemáticas que han de desarrollar sus estudiantes.

Creencias acerca de uno mismo como aprendiz de Matemáticas.

Estas creencias tienen una fuerte carga afectiva, incluyendo las relativas a la confianza, al autoconcepto y a la atribución causal del éxito y fracaso escolar. Además son los determinantes primarios de la motivación, de la conducta y del rendimiento académico (Barca y al., 2008).

Se pueden señalar, siguiendo a Gómez Chacón (2000), las siguientes categorías:

- La confianza en uno mismo para resolver problemas rutinarios

- La confianza en uno mismo para resolver problemas no rutinarios

- La confianza en uno mismo en el aprendizaje de las fracciones, proporciones, álgebra, geometría y cálculo.

La autora señala la confianza de uno mismo para aprender el conocimiento en un campo determinado en relación a un proceso global de resolución de un problema. El dominio correcto de estrategias de pensamiento tiene que ser completado con el esfuerzo de adquirir información específica de ese campo en el que uno intenta hacerse experto.

Estas creencias tienen un fuerte componente afectivo que engloba las relacionadas con la confianza en uno mismo, su autoconcepto y la autoeficacia percibida. Además, se van estabilizando y haciéndose resistentes a los cambios conforme avanzan en niveles educativos.

Los resultados de Báez (2007), en una muestra de 360 alumnos de ESO sobre las creencias acerca de uno mismo como aprendiz de Matemáticas, revelan que los estudiantes varones tienen un autoconcepto matemático más ajustado que las mujeres. Resulta paradójico que, aunque el porcentaje de los que se sienten muy capaces y hábiles en la materia (chicos) es superior al porcentaje de las alumnas, no obstante, no llegan a implicarse en el futuro. Las mujeres se muestran menos confiadas y seguras de sus habilidades pero se involucran más.

Creencias de los alumnos suscitados por el contexto social y creencias sobre el contexto social al que pertenecen los alumnos.

Los estudiantes manifiestan recibir continuos mensajes del entorno en el que viven y que influyen en sus creencias acerca de las Matemáticas; es decir, son conscientes de lo que significa conocer Matemáticas, cuál es el significado social de su aprendizaje, del éxito y del fracaso, de la cultura y de las creencias Matemáticas de su ambiente, la importancia que ellos asignan a la asignatura y las repercusiones en su forma de aprender y en la relevancia que tienen para su vida.

Existen diversas explicaciones sobre cómo se forman tales creencias. Si hacemos una breve reflexión, observamos que, como resultado de las experiencias escolares se van generando creencias sobre el contexto social (por ejemplo la clase, el rol del profesor, la visión que se tiene de este, la relación que hay entre alumno-docente y cómo se percibe); creencias sobre las Matemáticas y sobre el aprendizaje de las Matemáticas y creencias sobre ellos mismos en lo referente a aprender y resolver problemas matemáticos (McLeod, 1993).

Es importante reseñar que una creencia nunca se sostiene con independencia de otras, por ello se suele hablar de "sistemas de creencias".

Un sistema de creencias no es una suma o yuxtaposición, sino una red organizada que permite comprender la interacción entre ellas (Rokeach, 1968). Conforme a este autor una creencia es una forma creada psicológicamente, aunque no necesariamente lógica, de todas y cada una de las incontables creencias personales sobre la realidad física y social.

Gómez Chacón (2005), entiende los sistemas de creencias como las concepciones implícita o explícitamente sostenidas por los estudiantes acerca de la educación Matemática, acerca de sí mismos como aprendices y acerca del contexto social. Según la autora, "las creencias están en estrecha interacción entre ellas, con los conocimientos previos sobre el aprendizaje de la Matemática y con las actividades de resolución de problemas en el aula" (p. 3).

Para explicar la estructura de los sistemas de creencias sobre la educación Matemática, Gómez Chacón (2005) presenta un marco unificador demostrado por De Corte y Op´tEynde (2002) a través del que se pueden comprender mejor las interacciones. Distinguen el yo (self), el objeto (la educación Matemática, deseos, metas, necesidades psicológicas) y el contexto social (clase). Estas dimensiones las representan de la forma que aparece en la Figura 13.

Figura 13: Representación de la estructura de los sistemas de creencias.

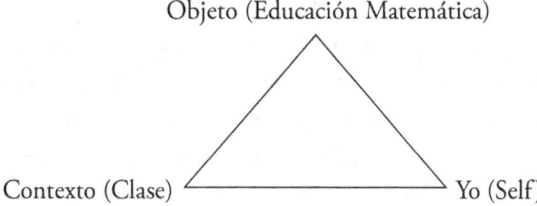

Los autores creen conveniente establecer subcategorías y así destacar un rango mayor de matices. Desde esta posición resulta que la categoría creencias sobre la educación Matemática incluye: creencias de los estudiantes sobre las Matemáticas, sobre el aprendizaje y la resolución de problemas matemáticos y sobre la enseñanza de las

Matemáticas.

La categoría de creencias de los estudiantes sobre sí mismos se refiere a su creencia intrínseca relativa a la orientación de la meta relacionada con las Matemáticas, creencia extrínseca de la orientación de la meta, creencia sobre el valor de la tarea, creencias sobre el contexto y creencia sobre la auto-eficacia.

En relación a las creencias de los estudiantes sobre su contexto específico de la clase representan las creencias sobre el papel y funcionamiento de su profesor, creencias sobre el papel y funcionamiento de los estudiantes en su propia clase y creencias sobre las normas y las prácticas socio-Matemáticas en su clase.

Estas creencias están en estrecha interacción: entre ellas, con los conocimientos previos sobre el aprendizaje de la Matemática y sobre las actividades de resolución de problemas en el aula (Gómez Chacón, 2005).

Desde esta posición, los estudiantes adquieren una concepción sobre los problemas matemáticos, sobre la forma de resolverlos y sobre el papel de su enseñanza, ya que les va a provocar actitudes concretas para abordarlos. Indudablemente, el fracaso continuado ante los procesos, normalmente mecánicos y repetidos, en la resolución de problemas (problemas tipo), siguiendo procedimientos algorítmicos, provoca en los alumnos una actitud negativa hacia la resolución de los mismos. De igual manera, la falta de recursos para resolver aquellos más complejos, les lleva a una baja autoestima a la hora de buscar la solución, y a la consideración de que los más listos son "buenos" resolviéndolos (Blanco, 2008). En consecuencia, como efecto de su historia de fracasos repetida, dudan de su capacidad intelectual y llegan a considerar sus esfuerzos inútiles. De ahí el sentimiento de frustración y el deseo de abandonar rápidamente ante la dificultad. Esto determina nuevos fracasos que refuerzan la creencia de que efectivamente son incompetentes para lograr el éxito. Esta situación les lleva a asumir una responsabilidad menor que sus compañeros sobre sus triunfos, lo que puede a su vez producir un sentimiento de indefensión aprendida.

Articulando todo lo anterior con la concepción que tienen los alumnos de que las Matemáticas son una ciencia abstracta, rigurosa, exacta y lógica, hace que piensen, aunque no lo expliciten, que son inaccesibles, provocando una baja autoestima y un deterioro en la autoeficacia de su actividad Matemática.

Todas estas creencias pueden llevar al alumno a exagerar la importancia de obtener respuestas y a subestimar su propia valía. Su incapacidad para resolver problemas se convierte en angustia, puesto que toda su persona se siente amenazada y se desencadenan unos niveles muy elevados de ansiedad de los que desea escapar a toda costa, abandonando la situación. Este comportamiento refuerza la creencia de que es incapaz de resolver problemas, por lo que cuando se vuelva a enfrentar a una tarea Matemática lo hará con niveles aún mayores de ansiedad, ya que tiene más pruebas de su incompetencia. De este modo, aumentará la probabilidad de abandonar la situación, y así sucesivamente.

Los resultados del proyecto de investigación, llevado a cabo por la Universidad de Santiago, acerca de la evaluación del currículo de Matemáticas en el 2º ciclo de la E.S.O., ponen de manifiesto que las creencias de los profesores sobre las Matemáticas y su enseñanza juegan un papel significativo en las concepciones que tienen los estudiantes sobre esta materia. Se refieren a dos tipos diferenciados de creencias: uno que traslada al aula de Secundaria una visión de la Matemática estática, como un conjunto de conceptos, reglas y relaciones inmutables, sin ambigüedades, desconectadas del mundo real; la misión del profesor es trasmitir ese saber inmutable ya preestablecido. Otro grupo concibe las Matemáticas como un proceso dinámico y activo, transmitiéndolo al aula a través de situaciones de resolución de problemas en donde se centra la atención en las sugerencias e ideas de los estudiantes, animándolos a elaborar conjeturas y a argumentarlas. Muestran como las creencias que tienen los profesores de Matemáticas (especialmente en Secundaria) en Galicia, sobre la naturaleza de las Matemáticas, presentan la materia como una ciencia formal axiomático-deductiva y su enseñanza mayoritariamente transmisión-recepción, situándose bastante lejos del aprendizaje por construcción y negociación de significados, que conciben al estudiante como un constructor activo de su propio conocimiento (Cajaraville y al., 2003).

En síntesis, las personas vamos tomando conciencia de nuestra posición o status social y escolar, y forjando las diferentes capacidades y/o habilidades desde los primeros cursos (Rayner, Pitsolantis y Osana, 2009). Y es en las aulas donde se provoca la desmotivación, el desánimo y la frustración; pero también es en las aulas donde la enseñanza explícita, la práctica de normas de comportamiento aceptable, la persistencia en la solución de problemas y la buena disposición para solucionarlos, pueden dar como resultado la satisfacción del alumno, la diversión y el entusiasmo por querer resolverlas; siempre y cuando los estudiantes se vean a sí mismos autónomos, independientes y motivados.

Figura 14. Categorías de las creencias.

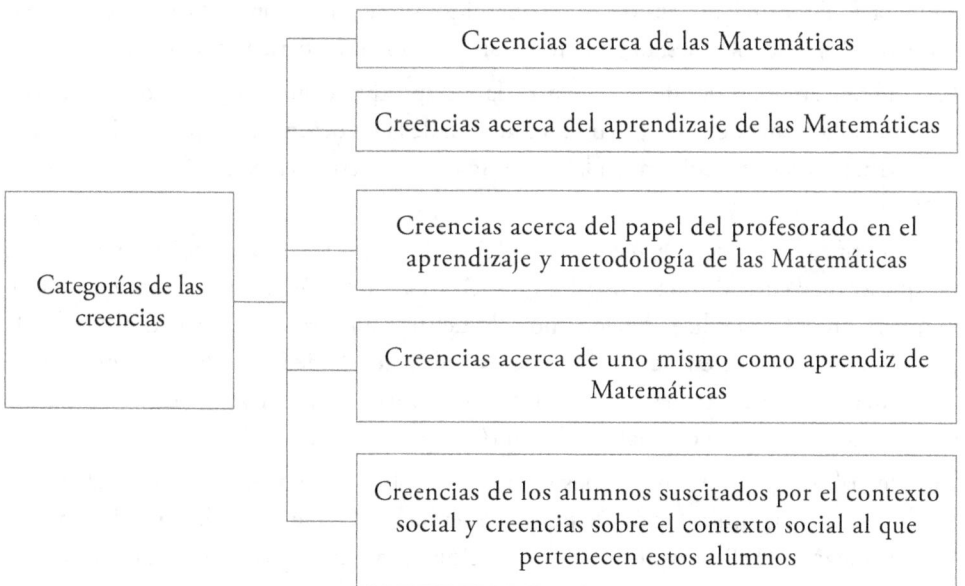

LAS EMOCIONES HACIA LAS MATEMÁTICAS

Concepto de las emociones hacia las matemáticas

Las emociones conforman otro de los componentes del dominio afectivo hacia las Matemáticas. Schoenfeld (2000); Gómez Chacón (2007) y Blanco (2008) indican que este constructo desempeña un papel central en el éxito o en el fracaso de las Matemáticas.

Pérez y Guillén (2007) le atribuyen a la "inteligencia emocional" el mal rendimiento académico, un término que difundió Goleman (1998) al sugerir que la emoción es el componente necesario de la inteligencia. Este autor indica que la inteligencia emocional consta de cinco componentes: autoconciencia, autorregulación, motivación, empatía y habilidades sociales.

Otros como Mayer y Salovey (1997) incluyen la percepción, uso, comprensión y el manejo de las emociones. Consecuentemente, la persona emocionalmente inteligente puede aprovechar las emociones (positivas o negativas) y gestionarlas para conseguir los objetivos precisos.

Esta relevancia de la dimensión afectiva en el desarrollo y en el aprendizaje de las personas es lo que Mayer, Salovey y Caruso (2002) llaman "alfabetización emocional".

Gómez Chacón (2002) define la alfabetización emocional como el proceso educativo, continuo y permanente, que pretende potenciar el desarrollo emocional a la vez que el desarrollo cognitivo, como elementos claves en el desarrollo integral de la persona.

Por otra parte, cabe hacer algunas consideraciones: una sería que las teorías cognitivas de la emoción postulan, por un lado, una serie de procesos cognitivos (evaluativos, atributivos,...) que se sitúan entre la situación que crea el estímulo y la respuesta emocional. Por otro lado, estudian los contenidos subjetivos (representaciones cognitivas y afectivas) que se manifiestan en la reacción emocional (experiencia subjetiva).

Las diferencias más significativas entre la perspectiva cognitiva y la constructivista radican en la forma de conceptuar la naturaleza de la emoción y la importancia que dan a la estructura social y cultural en la determinación del estado afectivo (Gómez Chacón, 1998).

Para identificar las emociones hay dificultades, incluso para la persona que las experimenta, porque forman parte de una construcción social. La forma cómo la persona se comporta, lo que siente y lo que dice, depende no sólo de sus características personales, sino de la situación en la que se encuentra. Además son difíciles de delimitar las relaciones entre las emociones y los factores culturales, y no se puede asegurar si el origen de ciertos comportamientos es emocional o cultural (Campos, 2003).

Para describirlas encontramos varias opciones: el punto de partida de Mandler (1989) es la respuesta a la interrupción de los planes en la resolución de problemas. En su caso Gómez Chacón (1998) explica que la emoción se produce por la interrupción de un plan y como resultado de una serie de procesos cognitivos: evaluación de la situación, atribución de causalidad, evaluación de expectativas en relación a la conformidad con las normas sociales y evaluación de expectativas en relación a los objetivos.

Darder y Bisquerra (2001) las definen como reacciones a la información recibida de nuestro entorno, cuya intensidad depende de las evaluaciones subjetivas que realizamos y donde tienen gran influencia los conocimientos previos y las creencias.

También podemos definirlas como las respuestas a un suceso que puede ser interno o externo, que tiene, para el sujeto una carga de significado. Estas reacciones psico-físicas, de carácter momentáneo, suelen estar acompañadas de expresiones orgánicas asociadas a pensamientos, motivaciones, experiencias, elementos hereditarios, cogniciones, estados psicológicos y biológicos y tendencias de actuar (Martínez y al., 2011).

Para Gómez Chacón (2006), la competencia emocional constituye una meta-habilidad que determina el grado de destreza que alcanzaremos en el dominio de todas nuestras facultades (entre las cuales se incluye el intelecto puro).

Uno de los grandes investigadores que han considerado importante explicar la emoción en el ámbito matemático es Mandler (1989): "Vivimos en un mundo de valor y afecto, y los temas que determinan nuestras construcciones conscientes a menudo requieren un contenido afectivo" (p. 3-19).

Destaca Mandler dos características de las emociones: la noción de que la emoción expresa algún aspecto de valor y la afirmación de que las emociones son intensas.

Refiriéndose a la función del valor con relación al cambio emocional, señala lo siguiente: "En educación Matemática la naturaleza de nuestras emociones está en función de los valores que operan y están involucrados en las emociones que ocurren.

El papel de los valores es una cuestión central ante un cambio del clima emocional en la resolución de problemas matemáticos.

"Los padres, los profesores, los compañeros, son los principales transmisores de valores culturales, y de las valoraciones positivas o negativas que le impone el estudiante a su mundo. Necesitamos estar atentos a la transmisión cultural de los valores" (Mandler, 1989, p. 239).

Desde este punto de vista, nos centramos en el proceso de aprendizaje como creador de discrepancias e interrupciones, sobre todo, en la producción de errores como sucesos inesperados, así como en los valores que pueden surgir en el transcurso del proceso de aprendizaje. Pues como dice, Segura, y Arcas (2007) las emociones forman parte de nuestro aprendizaje. El afecto y el aprendizaje se relacionan, interactúan y su simbiosis debe ser puesta a disposición del estudiante. Los profesores de Matemáticas hemos de ser conscientes de cómo la reacción emocional puede estar ligada a la comunicación e interacción en el aula, a la interacción social y al contexto cultural en el aprendizaje de las Matemáticas.

Se puede concretar que las emociones se corresponden con un fenómeno de tipo afectivo que un sujeto emite en respuesta a un suceso, interno o externo, que tiene para él una carga de significado. Estas reacciones psico-físicas, de carácter momentáneo, suelen estar acompañadas de expresiones orgánicas características asociadas con pensamientos, motivaciones, experiencias, elementos hereditarios, cogniciones, estados psicológicos y biológicos y tendencias de actuar (Martínez Padrón, 2008).

Otero (2006) dice que las emociones modifican el estado del cuerpo de una manera que puede o no manifestarse a simple vista; son automáticas aunque en ciertos casos modulables, y no necesariamente tenemos plena conciencia de sus consecuencias una vez que se disparan.

Así pues, podemos relacionarlas con el disfrute, interés, curiosidad, pasión por descubrir... generalmente correspondidos con las ganas de probar, de investigar, con la necesidad de saber, de conocer, con no tener miedo a equivocarse, placer, amor, sorpresa (Guerrero y Blanco, 2006). O por el contrario pueden llevar asociados ciertos sentimientos negativos como miedo, rechazo, inseguridad, aburrimiento, incapacidad, ira, odio, tristeza, temor, enojo, frustración, desagrado, disgusto o vergüenza; debidos a una baja autoestima, a algún trauma en la etapa escolar anterior, a un desinterés por no haber disfrutado antes en una actividad Matemática, al temor a ser juzgado...todo ello juega un papel crucial en el aprendizaje (Hofflich, Hughes y Kendall, 2006).

Nos interesa subrayar que cuando un estudiante se está dedicando a una actividad Matemática, hay una continua evaluación de la situación involuntaria, motivada por los objetivos personales. Esta evaluación se representa como una emoción: el avanzar hacia los objetivos produce sentimientos positivos, mientras que los obstáculos, que bloquean el progreso, pueden provocar rabia, miedo tristeza u otros sentimientos negativos. Es lo que pasa en la clase de Matemáticas cuando un estudiante se exaspera o muestra nerviosismo, fobia o pánico por dicha clase. Pueden obstaculizarse sus habilidades intelectuales y, por ende, la capacidad de aprender (Goleman, 1998; Gómez Chacón, 2000; Martínez Padrón, 2003, 2005).

Los diferentes enfoques coinciden, en primer lugar, en que las emociones se consideran relacionadas con objetivos personales, en segundo lugar, implican una reacción fisiológica, a diferencia de la cognición, que no es emocional, y en tercer lugar, las emociones son funcionales, es decir, tienen un papel importante en la vida humana y en su adaptación (Hannula, 2002).

Las teorías tradicionales se caracterizan por las polarizaciones que realizan (Scherer, 2000); es decir dicotomías que afirman que las emociones son innatas o construidas, son de naturaleza subjetiva o social y son estáticas o dinámicas. Sin embargo, desde el punto de vista de Gómez Chacón (2005), la caracterización de las emociones dentro de una teoría socio-constructivista del aprendizaje, tratan de hacer interaccionar estos polos. Para De Corte y Op´tEynde (2002), autores de esta teoría, las emociones tienen una utilidad especial al sancionar los valores socioculturales.

Las emociones no se pueden estudiar seriamente, sin atender al "orden moral local" en el que tienen lugar. De acuerdo con esto, dicen que una emoción es un significado aprendido, que permite al sujeto organizar una experiencia previa. De este modo se construyen socialmente a partir del lenguaje, de las normas culturales de interpretación, expresión y de sentimiento de las emociones, así como de los recursos sociales de los sujetos.

En conclusión: las emociones vertebran el sistema de creencias y valores. Su estudio requiere una atención cuidadosa a los detalles del sistema local de derechos y obligaciones, al criterio de valor, al orden moral local y a las normas sociales. Se trata, en fin, de abordarlas desde una doble perspectiva (psicológica y sociológica) en interacción. Los conocimientos y las creencias de los estudiantes acerca de las reglas que gobiernan la clase en interacción con las creencias acerca de sí mismo y acerca de la Matemática, operan en la construcción e interpretación del acto emocional (Furinghetti y Morselli, 2009).

Las características sociales y académicas amplían el foco más allá de las perspectivas psicológicas a perspectivas sociales y antropológicas. Estas tipologías condicionan las reacciones emocionales de los estudiantes. En general, pueden ser clasificadas como: personales (el sexo, la edad, la raza, la clase social), ambientales (los estereotipos sociales, las experiencias Matemáticas y el ánimo de la familia), según el modo de ser (la actitud, la confianza y la autoestima), y situacionales (los factores de la clase, el formato de enseñanza y los factores del momento) (Hofflich, Hughes y Kendall, 2006).

En el estudio de casos realizado en la investigación de Gómez Chacón (1997), se puso de manifiesto que para comprender las relaciones afectivas de los estudiantes con las Matemáticas no basta con observar y conocer los cambios de sentimientos o reacciones emocionales durante la resolución de problemas, ni detectar procesos cognitivos asociados con emociones positivas o negativas.

Las dificultades de comprensión del problema o dificultades de recuperación de la memoria provocan en el sujeto frustración y ansiedad. Al detectar estas relaciones significativas que se dan entre cognición y afecto y sus posibles utilizaciones en la enseñanza-aprendizaje de las Matemáticas, se considera necesario que para comprender la dimensión afectiva del estudiante con relación a aquéllas, ha de tenerse en cuenta la dimensión afectiva del individuo en escenarios más complejos (afecto global) que permiten contextualizar las reacciones emocionales en la realidad social que las produce. De ahí, dice la autora, que sea importante conocer y comprender el sistema de valores, ideas y prácticas del contexto (de la cultura), puesto que éstos cumplen la función de establecer un orden que permite al individuo orientarse, y le proporcione un código de comunicación. Por lo tanto, parece conveniente que en las investigaciones sobre dimensión afectiva y Matemáticas, se aborden las dos estructuras de afecto en el sujeto: la local y la global.

El afecto local -señala- se refiere a los estados de cambio de sentimientos o reacciones emocionales durante la resolución de una actividad Matemática, a lo largo de toda la sesión de clase. Su investigación se elaboró a partir de los datos recogidos y del análisis del afecto local a lo largo de distintas sesiones de clase, y en las entrevistas realizadas al sujeto.

El afecto global se entiende como el resultado de las rutas seguidas (en el individuo) en el afecto local que se establecen con el sistema cognitivo que va contribuyendo a la construcción de estructuras generales del concepto de uno mismo y a las creencias acerca de la Matemática y su aprendizaje. Se ha indagado a través de los escenarios complejos, que contemplan a la persona en su contexto sociocultural e interacción con los otros (Gómez Chacón, 2005). Se trata de contemplar a la persona en situación, conociendo sus sistemas de creencias (creencias como aprendiz de Matemáticas, creencias sobre las Matemáticas, creencias sobre el contexto escolar), las representaciones sociales y el proceso de construcción de la identidad social del sujeto. Para la investigadora, los dos constructos, el local y el global, se influyen mutuamente.

Lo que piensa un profesor de Matemáticas sobre la educación, cómo concibe la materia que enseña, la enseñanza aprendizaje de la misma y cómo ve a sus alumnos, son elementos claves para entender lo que los profesores hacemos en las aulas y para comprender cómo mediamos entre los contenidos y el aprendizaje de los alumnos.

El argumento de Halmos (1991) es compartido por nosotros. "¿Son las Matemáticas algo emocional? La gente suele decir que no, pero yo creo que sí lo son. Un matemático es una persona y tiende a sentir emociones fuertes sobre qué parte de las Matemáticas está dispuesto a soportar y, naturalmente, emociones fuertes sobre otras personas y la clase de Matemáticas que le gustan. Por ejemplo: "¿Qué prefieres, números o dibujos, símbolos o gráficas, álgebra o geometría? Yo soy principalmente un hombre de números, y no sólo me ponen nervioso los dibujos, sino incluso la gente que los prefiere" (p. 34).

La enseñanza de las Matemáticas es una actividad emotiva, que produce en los alumnos un aburrimiento generalizado desde pequeños. También se experimentan sentimientos a lo largo de las etapas que siguen a la resolución de un problema (Hilton, 1989). Estos sentimientos pueden hacer de motor que impulse para buscar una solución pero, por el contrario, pueden bloquear dicho proceso debido al peso de las emociones negativas.

En esta línea social se sitúan las teorías de Mandler (1989) que destacan la necesidad de considerar qué valores culturales y qué concepciones le transmite el entorno próximo al estudiante en el proceso emocional de la Matemática. Los procesos de aprendizaje se contemplan como ámbitos privilegiados de este proceso.

Las emociones están siempre presentes en la existencia humana. Sin embargo, sólo cuando la intensidad de las emociones es bastante elevada, pueden ser observadas por uno mismo y por los otros.

Las emociones tienen tres lecturas independientes: las respuestas de excitación adaptiva-homostática (p. ej. soltar adrenalina en la sangre), las muestras expresivas (p. ej. sonreír) y las experiencias subjetivas (p. ej. sentirse triste) (Hannula, 2002). Sólo hay unas pocas emociones básicas: felicidad, tristeza, miedo, enfado, repugnancia e interés, y las emociones más complejas se basan en ellas.

El estado emocional puede ser cambiado a través de los estímulos, fundamentalmente, de dos maneras. Una es el análisis cognitivo de la situación con respeto a los objetivos de uno mismo. Otra trata de aprenderse por el condicionamiento clásico.

Esta ruta asociativa, aprendida automáticamente entre el estímulo y la emoción, tiene un importante papel con respecto a la simple definición de la actitud como una disposición emocional.

Por tanto se puede decir que la emoción y la cognición son dos aspectos complementarios de la mente. Las dos tienen diferencias que hacen razonable su separación.

La cognición es un proceso de información basado en las neuronas, mientras que las emociones incluyen también otras reacciones fisiológicas. Sin embargo, esta separación de la mente, en cognición y emoción, es sólo una herramienta analítica, y la interacción entre ambas es tan intensa que ninguna de ellas se puede entender sin la otra. Emoción y cognición son vistas como dos caras de la misma moneda.

Las emociones influyen en los procesos cognitivos (la atención y la memoria), y activan las tendencias a la acción. Los estudiantes son conscientes de ello. A esto se le llama cognición emocional (Evans, 2000). A las emociones que tienen relación con los objetivos cognitivos se les llama emociones cognitivas.

Los objetivos cognitivos pueden ser: explícitos, cuando alguien quiere recordar un hecho o un procedimiento o implícitos, como entender algo. Acercarse a estos objetivos, o la falta de progreso hacia ellos, provoca a menudo sentimientos de frustración u orgullo (Hannula, 2002).

Las emociones son procesos constantemente en cambio y no productos estables. Por esta razón son difíciles de medir usando cuestionarios (McLeod, 1993).

El estudio de Buxton (1981) es uno de los pocos que habla de las reacciones emocionales fuertes, y las describe, en los adultos, como: miedo, ansiedad, vergüenza y reacciones de pánico ante las tareas de Matemáticas y el despertar psicológico que acompaña. Esto es difícil de controlar y desestabiliza la propia habilidad para concentrarse. De ahí nuestro interés porque los profesores de Matemáticas sean conscientes de plantear metas afectivas locales para la enseñanza-aprendizaje de problemas. Es decir:

- Generar problemas a partir de la curiosidad de los alumnos.

- Desarrollar el sentido de discernimiento sobre qué intuiciones o presentimientos son apropiados.

-Enseñarles a buscar soluciones, que puedan utilizar cuando acontecen esas intuiciones o cuando experimentan la perplejidad, el desconcierto o el bloqueo.

Es significativo el pensar de Emenalo (1984) cuando dice que si los matemáticos pudiesen encontrar las mejores formas de aplicar las Matemáticas a las necesidades sociales diarias y, sobre todo, si a los estudiantes se les enseñase a amar y disfrutar de las Matemáticas y a no odiarlas y despreciarlas, entonces, y sólo entonces, encontraríamos el mejor tratamiento para la fobia a las Matemáticas.

Claro que para que esta integración tenga éxito es necesario adoptar métodos adecuados de evaluación e incluso modificar ciertas prácticas relativas al modo de recoger la información Matemática, la forma de expresarla, etc.

El profesorado debe ser consciente de la necesidad de un cambio de actitud hacia la enseñanza de las Matemáticas. Como afirma Alsina (1998) en la conferencia "Clases de Matemáticas con Música", "los que tenemos que poner música a nuestras clases somos nosotros: los profesores y profesoras". Porque como señalan Fierro-Hernández (2006) y Broc (2006), si los profesores muestran interés en su trabajo, se producen mejoras significativas en la afectividad de los estudiantes, y teniendo en cuenta, que las emociones negativas aumentan durante los primeros cursos de Educación Secundaria y alcanzan su cumbre en tercero y cuarto, debe ser en estas edades cuando se les preste más atención (De la Torre, Mato y Rodríguez, 2009).

Queremos terminar este apartado tomando prestadas las palabras de Goleman (1998) cuando expone que las emociones descontroladas pueden convertir en estúpidos a los alumnos más inteligentes. Necesitamos de la competencia emocional para sacar el máximo provecho de nuestros talentos.

Y todo ello, añadimos, es cierto tanto cuando nos referimos a las competencias personales del alumnado que aprende (y enseña) como a las del profesorado que enseña (y aprende).

Funciones de las emociones

Las emociones según Caballero y Blanco (2007) cumplen las siguientes funciones:

- Sistema regulador: la toma de conciencia de la actividad emocional del alumnado y del profesorado como instrumento de control de las relaciones interpersonales y de autorregulación del aprendizaje.

- Indicador de la situación de aprendizaje: a partir de la perspectiva Matemática y las creencias del estudiante pueden estimarse sus experiencias de aprendizaje, la perspectiva profesional del profesor, el tipo de enseñanza recibida...

- Fuerzas de inercia: cuando los afectos impulsan la actividad Matemática, y como forma de resistencia al cambio.

- Vehículos del conocimiento: se trata de conocer las dificultades que comportan tanto aprender cómo enseñar Matemáticas, facilitando la búsqueda de estrategias más efectivas a emplear en el aula para la obtención de los mejores resultados.

Relación entre las actitudes, creencias y emociones

De lo dicho hasta aquí se concluye que los factores afectivos son clave para determinar y dar cuenta del éxito o del fracaso de los alumnos, docentes, técnicas, métodos y recursos utilizados para enseñar o aprender determinados contenidos matemáticos.

En términos esquemáticos, las creencias sociales acerca de las Matemáticas influyen fuertemente en la percepción del propio estudiante como aprendiz de éstas. Asimismo, la reincidencia de fracasos conduce a muchos, a pensamientos circulares sobre su eficacia a la hora de aplicar o aprenderlas.

Estos pensamientos circulares del tipo «soy malo en Matemáticas y por ello siempre suspendo los exámenes» y, «como resuelvo mal las tareas y los exámenes, aunque me esfuerce, soy incapaz de aprender Matemáticas», se ven reforzados por las formas en las que enseñamos y «evaluamos» en nuestras clases.

En efecto, tal y como plantea Gómez Chacón (1998) y Woodard (2004), la experiencia que tiene el estudiante al aprender Matemáticas le provoca distintas reacciones e influyen en la formación de sus creencias, y éstas tienen una consecuencia directa en su comportamiento, y también en las situaciones de aprendizaje y en su capacidad para aprender. De ahí que el desarrollo de la competencia emocional se considere básica para la vida, ya que desemboca en la educación emocional (Bisquerra, 2003).

Figura 15. Relación entre las actitudes, creencias y emociones, (Gómez Chacón, 1998).

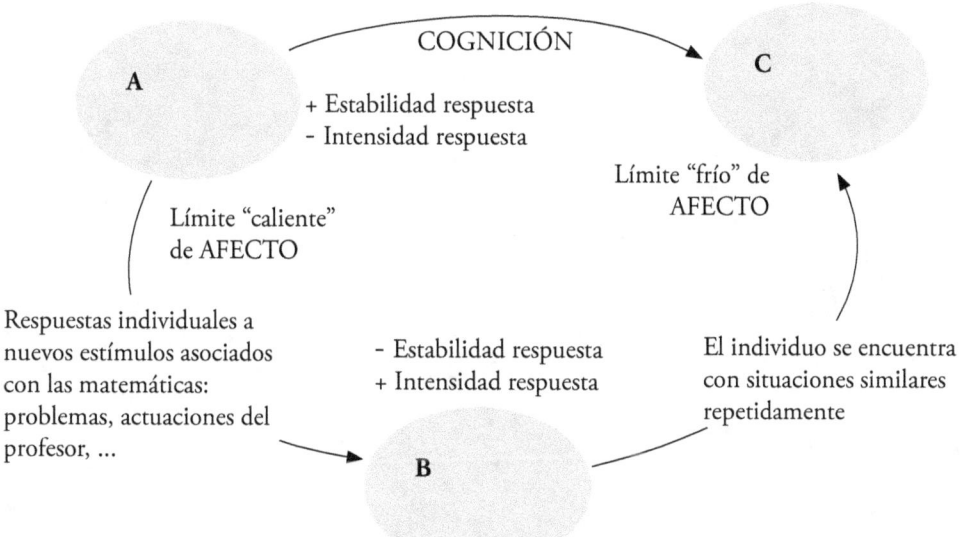

A: CREENCIAS acerca de las Matemáticas y acerca de uno mismo con relación a éstas.

B: Reacción EMOCIONAL positiva y/o negativa hacia un nuevo estímulo

C: ACTITUDES positivas y /o negativas hacia las Matemáticas o partes de éstas.

Así, aunque los tres conceptos de los que se compone el afecto en educación Matemática (creencias, actitudes y emociones), se relacionan, hay una distinción entre ellos: las emociones son más intensas y menos estables, las creencias menos intensas y más estables y las actitudes se encuentran entre ambas dimensiones (McLeod, 1992).

Sin embargo, esta relación cíclica, que se establece entre ambos constructos, es tan determinante que habrá que definir objetivos, asignar contenidos, planificar actividades, estrategias de intervención y de evaluación inicial, continua y final (instrumentos e indicadores) a la hora de diseñar los programas de intervención educativa que vayan a ser experimentados y evaluados.

Ya que la relación existe y los efectos negativos de cada una sobre las otras es evidente, conviene tratar de mejorarlas sabiendo la influencia que tienen en la enseñanza-aprendizaje.

La emoción es el componente necesario de la inteligencia, y se relaciona con los procesos cognitivos (memoria, aprendizaje...) (Goleman, 1996). Si el alumno sabe gestionar sus emociones, podrá guiar su pensamiento y sus acciones. De ahí la importancia de potenciar el desarrollo de las competencias emocionales (habilidades, conocimientos, actitudes) para comprender, expresar y regular de forma apropiada los fenómenos emocionales (Bisquerra y Pérez, 2007).

LA ANSIEDAD HACIA LAS MATEMÁTICAS

La ansiedad es un componente con una influencia tan negativa en la enseñanza-aprendizaje de las Matemáticas que resulta imprescindible dedicarle un apartado. La repercusión que tiene así lo permite.

El concepto de ansiedad

Son muchas las alteraciones que cabría englobar bajo el epígrafe de ansiedad infantil y juvenil. Desde las fobias específicas, hasta las formas más difusas de ansiedad, y desde las que están claramente relacionadas con la escuela, hasta las que nada tienen que ver con ella.

Nos centraremos en los tipos de ansiedad asociados a lo que, de forma genérica podemos denominar la vida académica en la escuela.

A fin de situar mejor el objeto de nuestro trabajo, empezaremos haciendo una breve revisión del concepto de ansiedad en la infancia y la adolescencia, así como de su prevalencia y curso evolutivo. Continuaremos analizando la ansiedad hacia las Matemáticas, su importancia, las causas que la producen, y el estudio de las personas que presentan ansiedad Matemática. Terminaremos haciendo una reflexión sobre los procesos cognitivos, la relación entre la ansiedad y el éxito en Matemáticas, las dimensiones y cómo prevenir y curarla.

Se puede decir que la ansiedad es la raíz de muchos casos de fobia o rechazo escolar y la necesidad de prevenirla se comprende cuando se piensa en los efectos que el fracaso escolar puede llegar a tener, tanto a corto, como a medio y a largo plazo.

Ya en el año 1938, Brown y Gelder señalaron que los estudiantes que se ponían nerviosos ante los exámenes tendían, en general, a tener un peor rendimiento que los que se mantenían calmados. Sin embargo, fue con el desarrollo del concepto de ansiedad de evaluación como un fenómeno específico de los contextos académicos, cuando se inició el estudio sistemático de los efectos de la ansiedad sobre el rendimiento cognitivo y académico. Así, Schultz y Heuchert (1983) definen la ansiedad en las situaciones escolares, como una reacción predominante y subjetiva ante el estrés psicológico percibido relacionado con el colegio.

Según Gutiérrez Calvo (1996), el término ansiedad se utiliza comúnmente para describir un estado o condición emocional desagradable, que se caracteriza por sentimientos subjetivos de tensión, aprehensión, preocupación y por activación del sistema nervioso. Este estado es específico en tiempo y lugar, y surge cuando un individuo percibe una situación como algo potencialmente dañino o peligroso.

Entendemos que la ansiedad es una respuesta adaptativa natural, que permite al individuo preparar su organismo para hacer frente a cualquier peligro que amenace su integridad física o psicológica. Pero lo delicado es que, una vez desvanecida la amenaza, las personas sigan con una constante e infundada sensación de miedo.

Se podría equiparar la ansiedad con el miedo pero las diferencias están en que la primera sólo es miedo cuando se asocia a estímulos específicos, por lo que sin la presencia de estos estímulos, el organismo no presentaría respuestas de miedo / ansiedad.

En la infancia, a pesar de sus aspectos positivos, padece serias limitaciones. La principal es la escasa consideración que se da a los factores intraescolares, como determinantes de la ansiedad infantil o juvenil.

Tanto los modelos biológicos como los conductuales han prestado atención a factores familiares (como el clima sociofamiliar o las separaciones) y del propio sujeto (como el temperamento o los sucesos traumáticos que pueda haber vivido), pero han olvidado aquellos factores tan importantes, de los que carece el niño, como son los aprendizajes y las habilidades escolares.

Incluso el enfoque cognitivo-conductual aplicado que se ha desarrollado a lo largo de los años 80 y, dentro de este enfoque, algunos modelos concretos como el de Kendall e Ingram (1987) pueden resultar insuficientes, si los procesos cognitivos que se toman en consideración, no se relacionan con los factores escolares.

Algunos autores se preguntan si el alumno ansioso tiene un mal rendimiento porque está demasiado preocupado o, por el contrario, está preocupado porque no consigue un buen rendimiento y no sabe qué hacer para mejorarlo. Seguramente ninguna de las dos hipótesis es válida para todos los casos y la ansiedad en función de la situación, puede ser el desencadenante de un rendimiento pobre, ser consecuencia de él, o ejercer ambos roles al mismo tiempo.

La segunda edición del Diagnostic and Statistical Manual of Mental Disorders (DSM-II, 1968) describe un estado patológico denominado "neurosis de ansiedad", que se caracteriza por tensión crónica, preocupación excesiva, cefaleas frecuentes o crisis de ansiedad recurrentes. En 1980, en el diagnóstico de la ansiedad infantil y juvenil marca un hito la aparición del DSM-III, al reconocer que no se puede englobar en la ansiedad propia de la edad adulta. En el DSM-III-R (1987), se mantiene la misma estructura básica y en el DSM-IV (1994), a pesar de los cambios introducidos, no se incluye la fobia escolar que constituye el trastorno más significativo a estas edades.

Alternativamente a los DSMs, Echeburúa (1993) propone incluir la ansiedad infantil y juvenil en una clasificación que parece más adecuada y que distingue tres grupos de trastornos: fóbicos (ahí se incluye la fobia escolar), de ansiedad sin evitación fóbica (la de separación y la excesiva) y otros como el trastorno obsesivo-compulsivo y el trastorno mixto de ansiedad y depresión.

El punto a donde queremos llegar, y que se quiere destacar es que la ansiedad académica parece tener un mayor efecto en los resultados académicos que la ansiedad general. Básicamente, el estudiante ansioso está excesivamente preocupado por su progreso en clase y se preocupa por no entender lo que su profesor está diciendo o lo que su profesor espera de él (Kazelskis, 2000).

Este fenómeno constituye un importante factor de distorsión en el proceso de enseñanza-aprendizaje de las Matemáticas.

Conceptualización de la ansiedad hacia las Matemáticas

Como indicamos anteriormente, es tal la repercusión de la ansiedad en la enseñanza-aprendizaje de las Matemáticas, que se hace necesario tratar de dejar claro la preocupación que genera en la investigación actual (Santillán Campos, 2006).

Goleman (1998) entiende que es una respuesta emocional involuntaria, que opera demasiado rápido para ser filtrada por el procesamiento cognitivo, y Hannula (2002) indica que pueden ser medidas por respuestas fisiológicas involuntarias como la transpiración, el lenguaje corporal o los espasmos.

Las diferencias y semejanzas entre actitudes y ansiedad hacia las Matemáticas son, a veces, sutiles pero considerablemente importantes. Y las definiciones e interpretaciones de los autores, dignas de valorar. Por ejemplo, Segovia (2008) dice que las actitudes hacia las Matemáticas son un fenómeno cualitativo donde la naturaleza de la respuesta es considerada lenguaje cognitivo; en cambio entiende la ansiedad como una respuesta emocional ante los problemas matemáticos y el lenguaje matemático

Uno de los pioneros en escribir acerca de la ansiedad hacia las Matemáticas fue Gouth. En 1954 acuñó la palabra "matemafobia" (mathemaphobia), pero en realidad nunca la explicó, solamente indicó su significado, añadiendo que no necesitaba definición. Dando un paso más, fue Sheila Tobías quién en el año 1978 publicó "Venciendo la ansiedad Matemática" lo que dio origen a que se le prestase atención a este constructo.

Importantes investigadores no hacen distinción entre estado de ansiedad y cualidades de ansiedad, ya que la ansiedad numérica comparte características, tanto con los factores de personalidad, como con las actitudes específicas de agrado o desagrado. Otros, sin embargo, definen la ansiedad hacia las Matemáticas como un estado de ansiedad que surge ante una situación relacionada con las Matemáticas, referida a la ansiedad en general y a sus sub-interpretaciones (Hembree, 1990). Puede ser una falta de confianza en la propia habilidad para aprender Matemáticas, o también puede ser que la falta de confianza, la ansiedad y la soledad estén intrincadamente entrecruzadas y todas ellas afecten negativamente a la motivación, o que sea mucho más que eso, e incluya reacciones afectivas negativas hacia las Matemáticas.

Ciertas definiciones son bastante generales. Como prueba Dreger y Aiken (1957) definen la ansiedad hacia las Matemáticas como el síndrome de las reacciones emocionales ante la aritmética, y Truttschel (2002) expresó que hay un factor emocional, que parece ser patológico en intensidad y, al mismo tiempo, específico para esta materia. Un factor que evita que las personas se relacionen con las Matemáticas de la manera que ellos desearían, por lo que la capacidad Matemática se convierte en algo tremendamente dificultoso, por no decir imposible.

Podemos considerar la ansiedad no sólo como aversión hacia una asignatura, sino también como algo que tiene efectos más devastadores, y más intensos como el miedo irracional e ilógico, así como el pánico, la impotencia, la parálisis y la desorganización mental, que surge en algunas personas cuando se les pide que resuelvan un problema de Matemáticas. Carmona (2004), la define como una fobia específica, es decir, como un miedo desmesurado hacia un objeto, en este caso las Matemáticas. Puede manifestarse a través de una preocupación excesiva, pensamientos perturbadores, tensión y cierta excitación fisiológica en determinadas situaciones escolares.

La expresión "ansiedad Matemática" para Lewis (1970) es un estado emocional relacionado con cualidades de miedo y pavor, cuya expresión es desagradable y está dirigida hacia el futuro. Esta situación provoca en la persona una emoción de desánimo y de no tener el control de la situación. Siente pánico, tiene las manos sudorosas, palpitaciones, mareos y un malestar mental, además de la sensación de que todos saben la respuesta, excepto el propio sujeto.

Otras definiciones son específicas, tanto si se refieren a reacciones psicológicas, como a sentimientos o síntomas fisiológicos relacionados con hacer o estudiar Matemáticas, asegurando que las emociones, el miedo, la aprehensión pueden estar relacionadas específicamente con situaciones Matemáticas (D´Ailly y Bergering, 1992).

Las acepciones de Wood (1988), la definen como "la falta general de confort, que alguien puede experimentar cuando se le pide que haga algo relacionado con las Matemáticas" (p. 11). Este enunciado tiende a enfocar el efecto actual de la ansiedad hacia las Matemáticas en el quehacer matemático, más que en el impacto emocional que ésta puede tener en el individuo. Esto evita la tendencia problemática por parte de muchos autores a igualar la ansiedad hacia las Matemáticas y el desánimo hacia ellas. Hemos de tener en cuenta que la primera envuelve sentimientos de tensión y angustia, que interfieren con la manipulación de números y la resolución de problemas matemáticos en gran variedad de situaciones de la vida diaria y académica.

Para Yara (2009) suponen estrés, tensión y esfuerzo en el cuerpo y en la mente. Y Roty, 2008), detalla que la ansiedad es una reacción de tipo emocional, que se genera ante la expectativa creada por la inminencia o presencia de un objeto o una determinada situación, y llega a su culminación, cuando el objeto o la situación ansiógena se dan, se concretizan y, por lo tanto, ya no representa un elemento de amenaza para la persona.

Tal como pone de manifiesto Hart (1989), la ansiedad hacia las Matemáticas puede tomar formas multidimensionales incluyendo, por ejemplo, aversión (un elemento de actitud), preocupación (un elemento cognitivo) y miedo (un elemento emocional), o puede ser un reflejo de otras actitudes más profundamente asentadas hacia las Matemáticas.

Por otra parte, Spielberger (1972) conceptualiza la ansiedad hacia las Matemáticas como un estado, una particularidad y un proceso. A través de su modelo de ansiedad visto como un proceso, explica la ansiedad como el resultado de una reacción en cadena, que consiste en: un factor estresante, la percepción de una amenaza, una reacción declarada, una nueva valoración cognitiva y el hacer frente a todo ello.

El énfasis está en que altos niveles de ansiedad reducen la eficiencia en el aprendizaje, pues disminuyen la atención, concentración y retención, con el consecuente deterioro en el rendimiento escolar (Van Eerde, 2003; Immordino-Yang, y Damasio, 2007). Y una forma de evitarla es prescindir de las asignaturas y carreras científicas (Ferrari y Scher, 2002; Onwuegbuzie, 2004; Scher y Osterman, 2002).

De acuerdo con (Bekdemir, 2010), cuando la ansiedad se vuelve excesiva, amenaza con abrumar al alumno y puede llegar a afectar a su funcionamiento adaptable. Sobrepasado cierto punto, cualquier aumento de la ansiedad pasa a debilitar su capacidad de actuación. Esto es similar a la relación de parábola invertida, que determina que el grado óptimo de motivación para una tarea dada disminuye, según la complejidad de la misma. Con una tarea simple, a mayor motivación, mejor será la realización. Con tareas más complejas, los efectos positivos de la motivación, sólo se aplican hasta cierto punto: la falta de motivación lleva a no mejorar la realización, y una mayor motivación lleva a mejorar la ejecución, pero al llegar a un punto determinado, más aumentos de la motivación no causan más efectos positivos en la realización, sino negativos. De igual modo, el grado óptimo de ansiedad depende del individuo y de la tarea, aunque no está claro en qué momento el nivel de ansiedad deja de ser positivamente motivacional y se convierte en debilitador, en cuanto a la realización, y también con qué tareas y qué tipo de personas encajan en esta teoría, sentimientos negativos de culpa y vergüenza y disminución del éxito en esta área (Puteh, 2002).

La motivación causada por la ansiedad es, probablemente, más conductual para el aprendizaje basado en la memorización y para las tareas rutinarias. Pero en tareas que impliquen una reflexión continua puede causar momentos de parálisis mental. Los individuos con una actividad mental más alta son propensos a sentirse perturbados por la ansiedad Matemática, afecta al aprendizaje, a expresar en un examen lo que han aprendido, afecta a la inteligencia, al entendimiento reflexivo, a recordar, entender los pasos para resolver problemas y a la capacidad de procesar la información.

Siguiendo a McLeod (1989), podemos percibir este constructo como un estado de ansiedad, en respuesta a las situaciones relacionadas con las Matemáticas, que se aprecia como una amenaza hacia la propia autoestima. En su modelo de reacción de la ansiedad hacia las Matemáticas, los antecedentes ambientales (experiencias negativas con las Matemáticas, falta de apoyo por parte de los padres y de los profesores), los antecedentes actitudinales (actitudes negativas, falta de confianza) y los antecedentes situacionales (el factor clase, el diseño instruccional) parecen interaccionar para producir una reacción de ansiedad con manifestaciones fisiológicas (aumento de transpiración y del ritmo cardíaco).

Podemos afirmar que la ansiedad hacia las Matemáticas es un factor no intelectual, en el sentido de que fue observado, incluso en estudiantes con éxito en las demás materias, lo que, supone serias consecuencias para las opciones educativas y para la elección de carreras profesionales relacionadas con ellas.

Desde la perspectiva de Onwuegbuzie (2003), la ansiedad hacia las Matemáticas no es sólo aquel factor que causa una mala realización en Matemáticas en una persona inestable y generalmente ansiosa. Ni es tampoco el factor que interviene cuando hay una mala actitud hacia la asignatura. El estudiante que la padece se inquieta profundamente cuando se enfrenta a operaciones numéricas o aritméticas. En muchas ocasiones, la ansiedad Matemática se ve como un fenómeno intenso y debilitador, y las Matemáticas como algo que evoca emociones tan poderosas, que la gente se mantendrá a distancia para evitarlas.

Entre los precursores en el estudio de la ansiedad hacia las Matemáticas, destacan Richardson y Suinn (1972), quienes la describen como "sentimientos de tensión y ansiedad, que interfieren con la manipulación de números y la solución de problemas matemáticos en una amplia variedad de situaciones de la vida cotidiana y académica" (p. 551). Es significativo que estos dos autores se centren en el efecto de la ansiedad hacia las Matemáticas en el aula, más que en el impacto emocional que causa en el individuo, evitando así la tendencia a igualar la ansiedad hacia las Matemáticas con el bloqueo que produce en los estudiantes. Esta última tendencia es evidente, por ejemplo, en Hadfield, Martin y Wooden (1992) cuando la definen como una reacción natural de desánimo hacia las situaciones que requieren tareas numéricas, Matemáticas o conceptuales. Es notable que, aunque son conceptos que están relacionados entre sí, -la ansiedad Matemática y el desánimo- son distintos. Algunos investigadores interpretaron la definición de ansiedad hacia las Matemáticas de Richardson y Suinn, incluyendo tanto la ansiedad facilitativa como la debilitativa, y además, cualquier situación en la que la persona se enfrenta a las Matemáticas.

Por su parte, Tobías (1993) distingue entre el desánimo y la ansiedad hacia las Matemáticas. El primero lo considera como un comportamiento de la persona hacia las Matemáticas, mientras que la ansiedad le evoca sentimientos, afectos y emociones.

Lo que está claro es que para muchas personas una simple tarea como hacer una sencilla cuenta, pagar en el supermercado o calcular un descuento, puede inducir a estos sentimientos. Prescindir de las Matemáticas, no solo afecta a sus vidas diarias, sino que limita sus ocupaciones y sus trabajos. Los sentimientos negativos de culpa y vergüenza son fundamentales en algunas personas (Puteh, 2002) y producen disminución del éxito en esta área.

La psicología experimental indica que la ansiedad influye en el proceso cognitivo de las personas: la atención y la memoria se predisponen hacia la información que van a recibir; y la realización de las tareas cognitivas se ve alterada (Hannula, 2002). Este autor comenta un caso de interacción en un aula entre un profesor y una estudiante. Se trataba de una alumna que era trabajadora, pero que conseguía notas muy bajas en los exámenes de Matemáticas. La asignatura estaba cargada de emociones fuertes para ella, pero no las expresaba. La interacción profesor-alumna no tuvo éxito. Hannula opina que la interacción con alumnos angustiados es más difícil que con alumnos en situaciones normales, ya que su atención está predispuesta a ponerse en contra de las Matemáticas.

Gairín (1990) establece un nexo de unión entre la ansiedad y el aprendizaje matemático. Señala que la ansiedad facilita el aprendizaje mecánico y las clases menos difíciles, pero tiene efecto inhibitorio sobre los tipos de aprendizaje más complejos, que son menos familiares, o dependen más de habilidades de improvisación que de persistencia. En este sentido la ansiedad acentuará el aprendizaje de tareas complejas, cuando no amenaza seriamente la autoestima personal, cuando no son exageradamente novedosas o significativas, cuando la ansiedad es sólo moderada o cuando el estudiante posee mecanismos efectivos de superación.

Por otra parte, hay que dejar de lado dos mitos sobre las Matemáticas. Uno de ellos dice que el nivel de Matemáticas es demasiado difícil para algunos alumnos que no son inteligentes. El otro mito indica que sin las Matemáticas todo el mundo puede vivir una vida intelectual y profesional productiva (Tobías, 1993). Las Matemáticas ya no son solamente un requisito básico para acceder a Ingeniería, Física o Estadística. Sus principios y técnicas, junto con los ordenadores, se han convertido en parte esencial de casi todas las áreas de trabajo, y su lógica se usa para reflexionar sobre casi todo. Hoy muchas profesiones, que no requieren un nivel o habilidades en su comienzo, acaban por demandarlo más tarde, si se está interesado en ascender para trabajar en áreas técnicas más interesantes.

En definitiva, la fobia hacia las Matemáticas es un fenómeno complejo, que no puede entenderse de forma unitaria, sino como un factor que engloba diversos elementos, y que constituye un factor de distorsión importante en el proceso de enseñanza-aprendizaje de las Matemáticas por dos razones, principalmente:

• Si su aparición tiene lugar en los niveles elementales de la enseñanza, casi todas las Matemáticas se van a convertir en un misterio para el estudiante.

• Si continúa a lo largo del tiempo, va a dar lugar a que la persona odie todo lo relacionado con las Matemáticas, y en consecuencia se produce la inhabilitación para su aprendizaje posterior.

La importancia de la ansiedad hacia las Matemáticas

Nos hallamos actualmente en un momento social, económico y político, en el que el problema educativo se vive profundamente, siendo considerado como un compromiso de toda la sociedad. A todos nos interesa la consecución de una educación de calidad y esto es para los profesionales de la educación uno de sus objetivos primordiales.

En consecuencia interesa descubrir cómo los currículos y la enseñanza de las Matemáticas pueden contribuir a esta ansiedad y qué se puede hacer para reducirla, más que cualquier otra área en el campo afectivo.

Hopko y al., (2003) apuntan que muchos alumnos se sienten enfermos por culpa de la ansiedad cuando intentan hacer algo relacionado con las Matemáticas, empiezan a sudar y a temblar como reacción a la humillación pública, se sienten desesperados, si no saben muy bien los temas o dejan algo sin terminar, y sólo pensar en ellas les hace sudar las manos, les revuelve el estómago y les produce dolor de cabeza. Wells (1994) menciona tanto razones morales como académicas para intentar atenuar la ansiedad en la clase de Matemáticas, el pánico y la angustia.

En el nivel cognitivo, la ansiedad hacia las Matemáticas puede bloquear el razonamiento lógico, afectar a la realización de tareas y provocar el fracaso en Matemáticas, a pesar de la capacidad intelectual, ya que el miedo normalmente controla los procesos de pensamiento conceptual e impide que el individuo sea consciente del potencial que tiene en esta materia. También interfiere con la memoria y esto se confunde con el hecho de que los alumnos bajo presión tienden a memorizar en lugar de entender (Puteh, 2002).

Según (de la Torre y Mato, 2009), tiene consecuencias que pueden ser irreversibles (Figura 16).

Figura 16. Efectos de la ansiedad en los estudiantes (de la Torre y Mato, 2009).

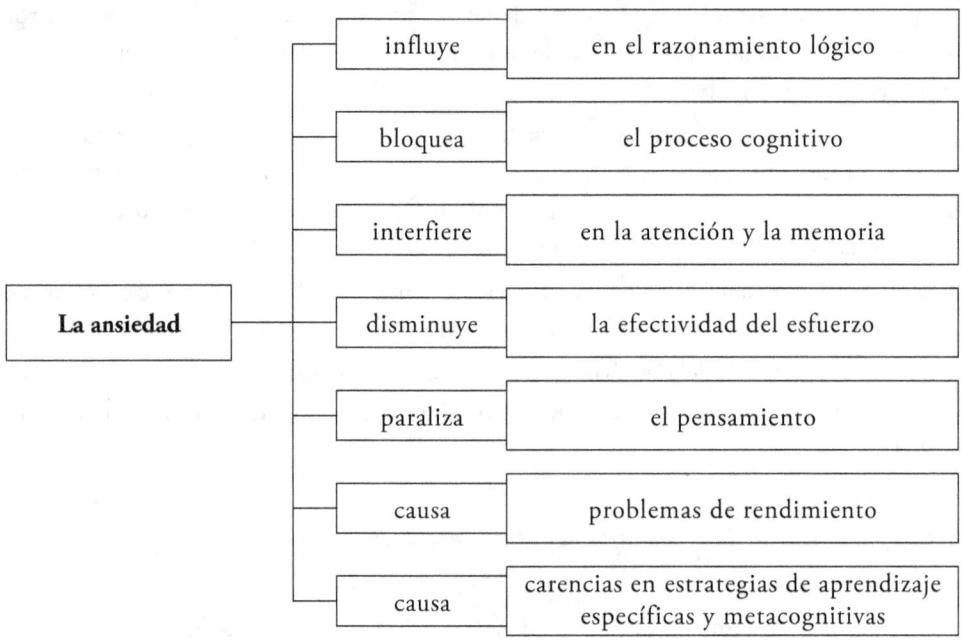

Otras consecuencias incluyen la incapacidad para resolverlas, la disminución del éxito en esta materia, evitar matricularse en cursos que tengan esta asignatura, la limitación a la hora de escoger un itinerario de Bachillerato o una carrera universitaria, y los sentimientos negativos de culpa y vergüenza (Anderson, 2007). Además la correlación con las notas es significativa (Mato, Espiñeira, y Chao, 2014).

Por consiguiente, los beneficios que resultan de cambiar la ansiedad hacia las Matemáticas por confianza Matemática, no son sólo profesionales y económicos, sino que el estímulo psicológico que experimentan los individuos cuando tienen éxito en Matemáticas es también importante (NCTM, 2003).

Además la ansiedad puede llevar a un círculo vicioso de causa y efecto. El asumir el fracaso puede provocar que el alumno llegue a acostumbrarse, reafirmando las convicciones, al tiempo que el miedo irracional paraliza el pensamiento de la persona (Morris, 1991).

Personas que tienen ansiedad hacia las Matemáticas

La ansiedad hacia las Matemáticas, a pesar de ser un fenómeno muy extendido entre los estudiantes, no afecta a toda la población que recibe educación en esta área o, por lo menos, no lo hace con igual intensidad. Aunque son muchos los estudiantes que sufren miedos y fobias ante esta asignatura desde edades muy tempranas, miedos que arrastran, posiblemente, toda su vida, los factores que determinan las diferencias en este aspecto también son variados. Así Thomas y Costello (1988) afirman que las Matemáticas pueden provocar reacciones fuertes y adversas en niños y adultos, pero parece que cualquiera la puede sufrir en mayor o en menor grado.

Los primeros estudios sobre la ansiedad hacia las Matemáticas se centraban, exclusivamente, en los alumnos Universitarios y en las personas adultas. Actualmente se cree que las Matemáticas pueden provocar también fuertes reacciones adversas en los estudiantes de Educación Primaria y Educación Secundaria. Pero, parece haber un punto crítico en el desarrollo de las actitudes y reacciones emotivas hacia las Matemáticas entre los 9 y los 11 años (Mcleod, 1993). Además, siendo la niñez un período de muchos cambios, es una etapa en la que la ansiedad es especialmente evidente; y una vez que se forman las actitudes negativas de ansiedad son difíciles de modificar y pueden persistir en la vida adulta con graves consecuencias.

Los resultados obtenidos en las investigaciones de McLeod (1993), indican que la Educación Primaria es una etapa crítica para el desarrollo de la ansiedad hacia las Matemáticas, por lo tanto, -señalan- a partir de esta etapa educativa se debería afianzar la confianza en las habilidades Matemáticas.

De la misma manera piensan otros autores, como Karp (1991), quien dice que la Educación Primaria es también la edad en la que los alumnos pueden perder confianza en lo que se refiere a la resolución de problemas y ejercicios matemáticos. Los estudiantes pueden empezar el colegio con gran entusiasmo y con curiosidad, pero al final de la etapa de Primaria, esas situaciones de desánimo se van haciendo fijas y afectan al modo, en el que cada uno se enfrenta a la Educación Secundaria (Cockcroft, 1982), y es mayor conforme avanzan los cursos (Broc Cavero, 2006; Opt'Eynde, DeCorte y Verschaffel, 2006). Las características de la persona pueden profundizarse o cambiar durante la etapa escolar y, una vez formadas las actitudes, especialmente las negativas, son persistentes y muy difíciles de modificar, permaneciendo en la vida de los adultos y afectando a la elección de un trabajo.

Norwood (1994), demuestra que el 68% de los estudiantes, que van a clase de Matemáticas, experimentan altos niveles de ansiedad, lo que supone un porcentaje alto, si consideramos que esta asignatura es obligatoria para todos los alumnos de la escuela Secundaria y estudiar una materia que produce tal desasosiego es, como poco, un malestar para el que la padece y una preocupación para los que la enseñamos.

También hay investigaciones que analizan las actitudes negativas hacia las Matemáticas en los estudiantes universitarios de diferentes titulaciones (Iossi, 2007; Malinsky y al., 2006; Pérez-Tyteca y al., 2009). En el caso de Magisterio, los niveles de ansiedad hacia las Matemáticas mostrados por los maestros en formación, se pueden reducir después de participar en un curso de Didáctica de las Matemáticas, que se centre en una formación apoyada en la experiencia práctica (Gresham, 2010). Respecto a la correlación entre las creencias que poseen los futuros maestros de enseñanza primaria sobre las Matemáticas y la ansiedad que tienen a la hora de dar clase, Ertekin (2010) encontró que es significativa y, atendiendo a su género, Yazici y Ertekin (2010) observan que es mayor en el caso de los chicos.

Por otra parte, Zakaria y Nordin (2008) afirman que las actitudes hacia las Matemáticas en los profesores en formación inciden en su rendimiento y en las situaciones de evaluación. Y pueden tener su origen en los estereotipos negativos que se transmitan desde el entorno social.

Según esta línea argumental, tal como señala Etxandi (2007), un profesorado comprometido con la Matemática, con un historial de dedicación, provocará una reflexión acerca de la importancia de este conocimiento para lograr una ciudadanía activa y crítica, instruyendo acerca de los contenidos esenciales del currículo y sus consecuencias en el mundo real. A este respecto, Caballero, Blanco, y Guerrero (2008) señalan que los propios maestros en formación atribuyen su éxito en Matemáticas a varias causas, destacando que la actitud que manifiesta el profesor puede ayudar o inhibir el aprendizaje. Por consiguiente, los profesores pueden influir en las actitudes de los estudiantes en las etapas formativas, ya que ellos mismos pueden tener, también, actitudes positivas o negativas hacia las Matemáticas y hacia su enseñanza-aprendizaje (Pérez-Tyteca y al., 2009).

Por otra parte, hay otros matices a la hora de concretar quiénes padecen ansiedad hacia las Matemáticas. Algunos investigadores afirman que personas de todas las edades y de cualquier etnia experimentan ansiedad Matemática, pero ciertos grupos, sobre todo los alumnos de Secundaria y las mujeres, en general, manifiestan una mayor ansiedad que los hombres (Tobías, 1993). Para esta autora, las diferencias entre hombres y mujeres, a la hora de identificar la ansiedad, son significativas. Es por esto, afirma Tobías, que la elección de las asignaturas de Matemáticas y el éxito en los cursos de esta materia está significativamente influenciado por la ansiedad que esas personas sienten ante las Matemáticas, tanto en el Bachillerato como en la Universidad. Betz (1978) ha señalado que la ansiedad hacia las Matemáticas contribuye a la anulación o a la pésima resolución de las Matemáticas, teniendo particular énfasis en las mujeres (Hiltom, 1989). Claro que la desigualdad de oportunidades entre hombres y mujeres es favorable a los primeros (Tobías, 1976). La mayor inexperiencia de las mujeres puede haber contribuido a su mayor ansiedad hacia las Matemáticas o, simplemente, puede reflejar una socialización recibida que lleva a evitar las áreas cuantitativas (Frank y Richard, 1988).

Desde el punto de vista de Auzmendi (1992), son dos los factores que generalmente determinan las diferencias en este aspecto: el bagaje matemático previo y el sexo de los alumnos.

Figura 17. Factores que determinan las diferencias.

Bagaje Matemático Previo

Sexo de los alumnos

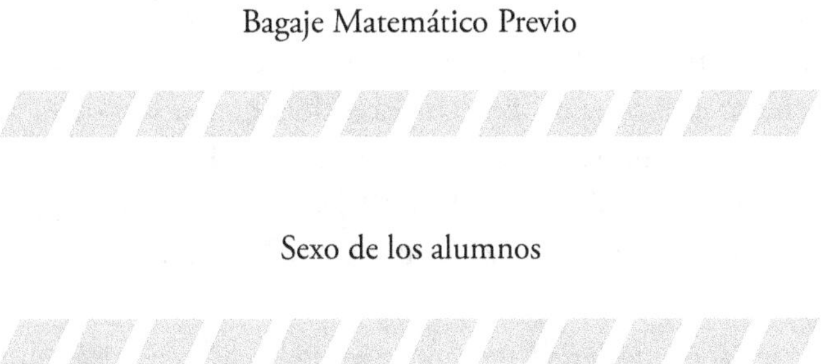

Bagaje matemático: los profesores nos encontramos con grandes diferencias, en cuanto al nivel de conocimientos previos de los alumnos a la hora de enfrentarse a una clase. Y en el caso de las Matemáticas es un elemento importante, porque muchos autores observan una asociación significativa entre el bagaje inicial y las actitudes. Por ejemplo Betz (1978) en una muestra formada por 652 estudiantes universitarios y Mandler, (1989) con otra integrada por 138 profesores indican que a mayor preparación Matemática inicial menos ansiedad y actitudes más positivas hacia la materia.

Por su parte, Ashcraft (2002) obtiene resultados análogos a los anteriores en una investigación, en la que analiza la ansiedad hacia las Matemáticas entre estudiantes universitarios pertenecientes a diferentes áreas del conocimiento, unas más relacionadas y otras menos con el campo matemático (Ciencias Físicas, Sociales y Humanas). Tras la aplicación de la escala MARS de Ansiedad hacia las Matemáticas (Mathematics Anxiety Rating Scale), de Richardson y Suinn (1972), en dos muestras diferentes obtiene, para la escala general y los factores que la componen, que aquellos alumnos menos relacionados con el área de las Matemáticas obtienen puntuaciones más altas en el nivel de ansiedad.

De manera similar al estudio anterior, Bessant (1995) utiliza una muestra compuesta por estudiantes de Psicología y Matemáticas y parte de la concepción de que la ansiedad hacia este campo será mayor en el primer grupo. Tras realizar los análisis pertinentes la hipótesis queda confirmada.

Los alumnos con ansiedad hacia las Matemáticas escogen menos asignaturas optativas y obtienen notas bajas en los cursos relacionados con esta área. Y uno de los descubrimientos más preocupantes es que muchos estudiantes, que se preparan para Formación Profesional, tienen durante la Educación Primaria un nivel más elevado de ansiedad que cualquier otro grupo que elige estudios universitarios.

También está relacionada con la elección de la carrera universitaria. Los que se especializan en Matemáticas o en Ciencias Físicas tienen una calificación considerablemente más baja en ansiedad hacia las Matemáticas que aquellos que escogen Humanidades (Abreu, 1998).

Jackson (2008) realizan una investigación para saber quién y a qué edad aparece por primera vez la ansiedad hacia las Matemáticas, y conocer el papel de los profesores en esa formación en los mismos estudiantes. Durante tres semestres les pidió a alumnos, desde Infantil hasta la Universidad, que describieran por escrito sus experiencias peores o más desafiantes (experiencias que produjeron estrés en los alumnos). Recoge un total de 157 respuestas. Cuando analiza los resultados, encuentra que 11 estudiantes, el 7% de los 157, tienen experiencias positivas en clases de Matemáticas desde Infantil hasta la Universidad. A continuación revisa las respuestas de los 146 restantes para determinar el nivel en el que ocurre el problema de la ansiedad. Encuentra tres grupos: un 1º nivel (3º y 4º de Primaria), un 2º nivel (2º y 4º de ESO), y un 3º nivel (primer año de Universidad).

La incidencia de las actitudes en el rendimiento de las Matemáticas en los estudiantes de Educación Primaria (Ramírez, 2005), y en Educación Secundaria (Akey, 2006) ha confirmado que estas variables tienen una correlación positiva. Es más, muchos estudiantes no tienen problemas en otras materias. Sin embargo se ponen nerviosos en las clases y sienten fuerte ansiedad ante los exámenes de Matemáticas (Vigil-Colet, Lorenzo-Seva y Condon, 2008).

En resumen, se puede afirmar que el bagaje matemático previo del alumno es una variable importante, a la hora de comprender el fenómeno de la ansiedad hacia las Matemáticas.

Sexo de los Estudiantes: según Auzmendi (1992), durante mucho tiempo ha prevalecido la idea de que las mujeres manifiestan unos niveles de ansiedad ante las Matemáticas más elevados que los hombres. Esto puede ser debido a las expectativas sociales, que favorecen el hecho de presentar las Matemáticas como un dominio del hombre y el escaso interés, que podían mostrar las mujeres a las que se les encomendaba otras tareas familiares.

Es tal la influencia de la sociedad en este constructo, que según Brown y Gray (1992), hasta los 12 años, aproximadamente, no suele haber diferencias en el rendimiento matemático entre los chicos y las chicas. A partir de esa edad, sin embargo, da la sensación de que las habilidades de las mujeres disminuyen. Analizando las atribuciones del éxito y del fracaso en ambos sexos, puede observarse que, en muchas ocasiones, son radicalmente distintas. Mientras los chicos consideran que sus problemas en esta área se deben a que no han trabajado lo suficiente, las mujeres suelen atribuirlos a su falta de capacidad.

Dada la importancia del bagaje matemático previo de los alumnos en sus actitudes, los estudios recientes están demostrando que las diferencias en ansiedad no son debidas al sexo. El problema no radica en que las mujeres tengan, por naturaleza, más ansiedad ante este campo, sino en que generalmente, su preparación previa es más inadecuada (Frank y Rickard, 1988).

También Betz (1978) lleva a cabo una investigación usando tres muestras diferentes: un grupo de Psicología y dos de Matemáticas. Y observa que sólo en dos de ellos, las mujeres manifiestan mayor ansiedad hacia las Matemáticas que los hombres. Este dato vendría a confirmar, en parte, la teoría del mayor estrés femenino. Sin embargo, en los dos grupos en los que se observa este hecho, un análisis más detallado le permite descubrir al autor que el nivel de ansiedad es más elevado en las mujeres de mayor edad, dado que éstas han abandonado sus estudios de Matemáticas hace más tiempo que las jóvenes. Su bagaje es menor y, por tanto, este factor, y no su sexo, es el que puede estar contribuyendo a su mayor nivel de estrés.

Eagly, (1993) utiliza una muestra compuesta por 1045 estudiantes de diferentes cursos académicos y, tras la aplicación del MARS, observa que no se producen diferencias sexuales, ni en los distintos grupos, ni en el total de ellos. La explicación que da el autor a este fenómeno es que las mujeres, en esta investigación, habían realizado tantos cursos de Matemáticas como los hombres, por lo que su bagaje era similar.

En resumen, no se puede afirmar con rotundidad una inferioridad femenina en el área de las Matemáticas. Es un hecho que, frecuentemente, hay mayor número de mujeres que de hombres que experimentan estrés ante este campo del saber. Sin embargo, los estudios apuntan a que el problema no radica en su condición sexual, sino en su inadecuada preparación previa. La cuestión es, entonces, qué es lo que hace que la mujer abandone antes que el hombre esta área. La respuesta se dirige, casi invariablemente, al fenómeno de la presión social. Cuando la ansiedad comienza a hacer su aparición, las mujeres son animadas implícita o explícitamente a abandonar esta área, mientras que los hombres lo son a continuar a pesar de las dificultades. Este hecho dará lugar a que, si con posterioridad la mujer quiere continuar su preparación Matemática, su nivel de estrés sea muy elevado, dado su inadecuada preparación previa. Como dice Tobías (1978, p. 98): "Los hombres también tienen ansiedad hacia las Matemáticas, pero este hecho incapacita más a las mujeres".

La ansiedad no afecta a todos los estudiantes de forma similar. Se puede hablar, al menos, de dos aspectos que marcan diferencias entre los alumnos (Auzmendi, 1992). Estos aspectos son los siguientes:

- El nivel de competencia: Se refiere al nivel que los sujetos pueden alcanzar en sus conocimientos matemáticos y el grado de habilidad que pueden adquirir después de haberse comenzado a manifestar la ansiedad. Este nivel puede ser diferente según las personas, pero sea cual sea el nivel máximo que se alcance, todas ellas se caracterizan por poseer las propiedades típicas de la ansiedad hacia las Matemáticas.

- La intensidad con que se produce este fenómeno: Se refiere a la magnitud del bloqueo que impedirá adquirir nuevos conocimientos en Matemáticas. Si bien es posible que la distorsión afectiva varíe según los estudiantes, las diferencias no llegan a ser tan importantes o tan grandes entre los sujetos, ya que, si un alumno sufre de este mal, es frecuente que su antipatía hacia las Matemáticas sea muy elevada.

Figura 18. Aspectos que marcan diferencias entre los alumnos.

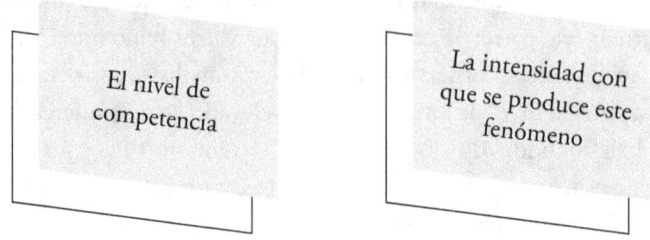

Lo que es evidente es que la amenaza afectiva adquirida en los primeros cursos de Matemáticas explica, en muchos casos, esta reacción emocional negativa, que afecta al rendimiento de las Matemáticas y a la utilización de las mismas en su vida profesional (McLeod, 1992; Núñez y al., 2005; Watt, 2000).

Los procesos cognitivos y la ansiedad hacia las Matemáticas

Siguiendo las teorías de Llabre (1985), además del nivel de conocimientos previos, se reconoce el papel decisivo que desempeñan los procesos cognitivos en el aprendizaje y en el rendimiento matemático de cualquier estudiante.

Sin embargo, debemos aclarar que no todo el mundo entiende lo mismo por "procesos cognitivos". Por ejemplo, Echeburúa (1993) cuando habla de las características que definen a los alumnos que tienen ansiedad, se refiere a los procesos cognitivos de la siguiente manera: responsabilizarse excesivamente de sus fracasos, tener dificultades para generar alternativas de actuación y una atención excesiva a sus propios pensamientos y reacciones.

Esta acepción del término "procesos cognitivos" no es la única para prevenir los problemas de ansiedad, si bien, es necesaria. Los procesos de atribución causal, de solución de problemas o de focalización de la atención, por ejemplo, se pueden considerar como estilos de aprendizaje o como estrategias generales de procesamiento de la información. Su importancia está fuera de toda duda. Y en un trabajo de Bornas (1996) se insiste en la necesidad de considerarlos, para que sirvan de prevención en la escuela. No obstante, se requiere además una concepción más específica de lo que se entiende por procesos cognitivos (o estrategias). En otras palabras, además de considerar los procesos generales que pueden caracterizar a un estudiante, hay que examinar los procesos específicos relacionados con tareas escolares concretas.

Es conocido que altos niveles de ansiedad reducen la eficiencia en el aprendizaje, pues disminuyen la atención, concentración y retención, con el consecuente deterioro en el rendimiento escolar. Y que una forma usual de evitar esa ansiedad es prescindir de las asignaturas y carreras científicas (Ferrari y Scher, 2002; Onwuegbuzie, 2004; Van Eerde, 2003). En cualquier caso, se sabe que los alumnos van tomando conciencia de sus capacidades, motivación o frustración hacia las Matemáticas desde los primeros años y que, la ansiedad es mayor conformen avanzan los cursos (Akey, 2006; Broc Cavero, 2006; Opt'Eynde, DeCorte y Verschaffel, 2006; Muñoz y Mato, 2008).

Centrándonos en los numerosos trabajos sobre la relación entre el rendimiento matemático y las atribuciones causales, se considera la atribución del fracaso matemático a causas internas y estables, como algo negativo o desadaptativo, relacionado con la ansiedad Matemática.

Desde los trabajos de Watson (1988) se sabe que la sustitución de las atribuciones a la propia incapacidad (causa interna y estable), por atribuciones a la falta de esfuerzo personal (causa interna, pero inestable y controlable), tiene efectos positivos en los alumnos y, a partir de ahí, se puede dibujar una primera línea de prevención.

El estudiante que se considera negado para las Matemáticas, es fácil que caiga en cierta indefensión y llegue a angustiarse ante cualquier situación relacionada con dicha materia. Sin embargo, conseguir que deje de sentirse así y crea que con algo más de esfuerzo puede enfrentarse con éxito a las Matemáticas, no resulta sencillo, especialmente si no definimos el término "esfuerzo". Es probable que estudie más horas, pero si sigue fracasando, volverá a la atribución inicial y los resultados todavía le pueden corroborar que, efectivamente, no sirve para las Matemáticas.

El término "esfuerzo", por lo tanto, no se debe equiparar a tiempo de estudio o a cantidad de trabajo realizado. En realidad, los resultados satisfactorios en cualquier materia dependen de las estrategias utilizadas para enfrentarse a ella y, si bien es cierto que el uso de las mismas requiere tiempo (y en este sentido esfuerzo), la causa del fracaso está en las estrategias e, indirectamente, en el "esfuerzo" y no al revés.

Dado que las estrategias en Matemáticas se pueden adquirir, desarrollar y perfeccionar, los déficit relacionados con ellas son causas internas, pero inestables y controlables. Por lo tanto, atribuir los fracasos a ese déficit, forma parte de lo que entendemos como estilo atribucional positivo. La prevención consistiría en favorecer la adquisición de dicho estilo por parte del estudiante, acostumbrándole a imputar los resultados negativos eventuales a la falta de estrategias, o a que no las utiliza cuándo y cómo debe hacerlo. En concreto, se le debe enseñar claramente la dependencia que hay entre los resultados en Matemáticas, el uso de estrategias de aprendizaje apropiadas y la posibilidad de adquirir nuevas estrategias o perfeccionar las que ya posee.

Las dificultades para tomar decisiones también se han señalado entre las características de los estudiantes con ansiedad hacia las Matemáticas (Echeburúa, 1993). La toma de decisiones forma parte de la heurística de solución de problemas. Es más, tomar decisiones es un proceso, que depende básicamente de haber pensado diversas alternativas de solución para un problema (proceso de generación de alternativas) y de haberlas evaluado correctamente (proceso de previsión de consecuencias de cada alternativa).

La ansiedad puede bloquear la puesta en marcha de cualquiera de esos procesos o interferir en su curso, retrasando o dificultando la toma de una decisión final. En este sentido, actuar sobre la ansiedad y reducirla mediante técnicas, como la relajación, puede ser una buena forma de empezar el tratamiento y después incluir el entrenamiento específico de los otros procesos (Vigil-Colet, Lorenzo-Seva y Condon, 2008).

Coincidimos con Bornas (1996) cuando dice: "Además de los sesgos y dificultades en los procesos de atribución causal y de solución de problemas, el niño con ansiedad hacia las Matemáticas se caracteriza por otras distorsiones cognitivas, especialmente la sobrepreocupación y, a partir de cierta edad, la recurrencia de los pensamientos acerca de las propias limitaciones intelectuales y las repercusiones del fracaso en la escuela" (p. 292).

Para prevenir esto, se le deben proporcionar al alumno estrategias adecuadas para obtener un buen rendimiento en Matemáticas, pero seamos conscientes de que en la mayoría de las escuelas no se enseñan esas estrategias de forma explícita. Los niños más avanzados las descubren antes que los demás, las emplean y sacan mejores resultados. Los que, por cualquier motivo, son menos hábiles, tardan más en manifestarlas, van acumulando fracasos y, probablemente, ahí empieza a forjarse el miedo, el odio y el temor a las Matemáticas. Un modelo de estrategias es el de la Instrucción de Estrategias Cognitivas (McLeod, 1989), que promueve la enseñanza explícita y directa de estrategias específicas relacionadas con las Matemáticas.

Aunque aparentemente sea difícil relacionar la metacognición y la ansiedad hacia las Matemáticas, y si bien el término "metacognición" admite muchos significados, existen relaciones entre ellas y son importantes. De hecho, Kelly y Tomhave (1985) aseguran que los procesos o estrategias metacognitivas ejercen el control de los procesos cognitivos. En este sentido, saber de qué estrategias disponemos para resolver un problema, conocer cuál de ellas es mejor para un objetivo determinado, saber utilizarlas correctamente o tener información sobre cuándo las podemos emplear, son tipos de conocimiento metacognitivo, es decir, el conocimiento relativo a los procesos o estrategias cognitivas. Por ejemplo, repetir un número puede ser una estrategia útil para memorizarlo durante un período breve de tiempo, pero si lo queremos recordar durante un período largo, quizá sea mejor asociarlo con alguna información que ya tenemos o examinar las relaciones aritméticas que se establecen entre los dígitos que lo componen.

Echeburúa (1993) expone que es precisamente por la función de control, que ejerce la metacognición sobre el funcionamiento cognitivo, lo que hace que tenga una importancia clave en el tema de la ansiedad donde, como decimos, su funcionamiento es incorrecto. Parece razonable suponer que un incremento del control del funcionamiento cognitivo, redundará en un incremento del sentimiento de capacidad personal, un mejor rendimiento y la consecución de mejores resultados académicos. Todo lo cual contrarresta la ansiedad hacia las Matemáticas experimentada en las situaciones, que se han convertido en aversivas o ansiógenas por las dificultades que encuentra en ellas el estudiante.

Para comprender mejor la interacción cognición-afecto, Gómez Chacón (2000), lleva a cabo una situación de aula donde un alumno actualiza las creencias y las repercusiones que tienen éstas en el aprendizaje. Lo que busca es "una mejor comprensión de la manera que tienen los alumnos de conocer, reaccionar afectivamente en el aprendizaje de la Matemática y de la forma de construir el conocimiento, en el que se entreteje la interacción cognición afecto" (p. 93). En el diseño de la investigación, desde la consideración de un contexto holístico, combinó técnicas propias de la etnografía con las de estudios de casos, así como la reflexión sobre la propia acción. Las fuentes y procedimientos de recogida de datos que utilizó, fueron variados: grabaciones de sesiones de aula, entrevistas, observaciones, cuestionarios, notas de campo. Los datos que obtiene, a través de este estudio, confirman cómo se establecen relaciones significativas entre cognición y afectividad (afecto local y global), y cómo indagar el origen de estas reacciones afectivas y constatar la evolución de los sujetos (modificaciones, cambios, etc.) a este respecto.

Puso de manifiesto (p.131) "no centrarse únicamente en los procesos de razonamiento cognitivo, sino en los procesos de valoración. Conocer y comprender el sistema de valores, ideales y prácticas del contexto (de la cultura), puesto que éstos cumplen la función de establecer un orden, que permite al individuo orientarse y le proporciona un código de comunicación". Por tanto, parece conveniente que se aborden las dos estructuras de afecto en el sujeto: la local y la global. Esta última implica contemplar a la persona en situación, conociendo los sistemas de creencias del individuo, las representaciones sociales y el proceso de construcción de la identidad social del sujeto.

También argumenta la necesidad de considerar la perspectiva de la identidad social en los procesos de aprendizaje, centrándose en cómo experimentan su relación con las Matemáticas estudiantes de fracaso escolar en situación de exclusión social. Para la autora es notorio que en la concepción de estos estudiantes, el proceso de aprendizaje de la Matemática es más que adquirir unas determinadas piezas de un conocimiento cultural. Significa la pertenencia a un grupo social específico. El aprendizaje matemático forma parte del proceso de construcción de su identidad social, entendido como el tipo de miembros que son, cómo se posicionan en relación a ser miembros del grupo (posición afectiva -valores, creencias y actitudes- que asumen) y, cómo negocian su identidad social. Confirma que la cultura y los procesos sociales son parte integrante de la actividad Matemática.

Entendemos que se debe contemplar igualmente el supuesto de que la ansiedad pueda ser a la vez causa de fracaso escolar y resultado de ese mismo fracaso y, a partir de ahí, contrastar experimentalmente dicha hipótesis. Según nuestro parecer, esto requiere adoptar un modelo explicativo, en el que se asume que la ansiedad hacia las Matemáticas es causa de los problemas de rendimiento matemático, pero también es causa de la relación entre esa ansiedad y las carencias o déficit en estrategias de aprendizaje específicas y en estrategias metacognitivas.

Y por último, hay que considerar que los estudiantes con ansiedad, cuando aprenden estrategias eficaces para enfrentarse a las tareas escolares y saben utilizarlas, reducen el nivel de ansiedad ante tales tareas.

Concluimos diciendo que la prevención de la ansiedad Matemática está en manos de los agentes educativos, que son quienes tienen que enseñar esas estrategias y favorecer el desarrollo integral y óptimo del estudiante.

Lo que todos los investigadores tienen claro es que el resultado final de las Matemáticas no depende sólo de factores intelectuales, sino que está también determinado por las perspectivas y experiencias de los alumnos, y por la visión de ellos mismos como estudiantes.

Ansiedad y rendimiento en Matemáticas

Distintas investigaciones aportan diversas justificaciones a las diferencias de rendimiento entre los estudiantes. Por ejemplo, el Informe Coleman y al. (1966) señala las características personales y familiares; Miñano y Castejón (2008), le confieren su capacidad predictiva al autoconcepto y a la motivación, o a los hábitos de estudio y a las aptitudes intelectuales. Norusis (2008), dirige su mirada hacia las familias y las características socioeconómicas; Alonso y Fuentes (2001) a la motivación del alumnado hacia la escuela, y Barca, Peralbo y Brenilla, (2004) apuntan a los enfoques de aprendizaje como los determinantes principales. Incluso los estudios de Simons-Morton, y Chen (2009) centran este debate en el tipo de centro.

Sin embargo, en los últimos años la mayoría de los investigadores creen que un alto nivel de ansiedad se asocia con un bajo nivel de rendimiento, porque la ansiedad deteriora el trabajo de los estudiantes (Calero y al., 2012; Sánchez, 2008; García, 2000).

Este hecho lo comprobó Ma en 1999 al realizar 26 estudios en alumnos de Educación Secundaria y hallar que la relación ansiedad-éxito en Matemáticas tenía una correlación significativa (-.27).

Para explicar y comprender cómo se produce, los teóricos tradicionales representan esta relación como una parábola invertida, trazando una relación curvilínea entre la ansiedad y la activación. De este modo indican que alguna ansiedad es beneficiosa para la ejecución de tareas Matemáticas, pero el pasar de ciertos límites daña la realización del trabajo matemático. Pero si se controlan los efectos y las actitudes, la ansiedad hacia las Matemáticas se vuelve insignificante o se ve reducida, y la reducción de la ansiedad mejora las calificaciones (Aschraft, 2002).

La relación negativa se muestra en individuos de edades diferentes: adultos, en general, (Norwood, 1994) y entre estudiantes de Secundaria, en particular (Cockcroft, 1982; Frary y Ling, 1983).

También Hembree (1990), enfatiza que la inquietud, la preocupación y la ansiedad en el aprendizaje de las Matemáticas implican un declive en el éxito matemático durante los comienzos de la Enseñanza Secundaria, y señala una correlación media de -0.31 entre la ansiedad y el rendimiento para los alumnos de Bachillerato y de -0.34 para estudiantes de Primaria.

La actitud general y la inteligencia pueden ser variables influyentes en los efectos debilitadores de la ansiedad hacia las Matemáticas, y además las correlaciones entre la ansiedad y el éxito son ambiguas, con respecto a la dirección de la causalidad. Cuando la ansiedad es muy alta, la realización de tareas tiende a ser mala, pero una mala realización puede provocar también una ansiedad extrema. Va a depender del sujeto, de la tarea y del tipo de ansiedad que se experimenta.

Lo que está claro, es que las actitudes negativas correlacionan con un bajo rendimiento (Aliaga y Pecho, 2000) y con niveles altos de ansiedad (Marshall, 2000).

Son influyentes dos modelos teóricos: el modelo de interferencia y el modelo de déficit.

- El primero está basado en los trabajos de Wine (1980), quien describe la ansiedad hacia las Matemáticas, como un tumulto de recuerdos del conocimiento y experiencias Matemáticas anteriores. En consecuencia, un nivel superior de ansiedad causa un nivel inferior de éxito.

- El modelo de déficit, apoyado en Tobías (1993), considera la ansiedad hacia las Matemáticas como el recuerdo del bajo rendimiento matemático en el pasado y cree que esto causa una alta ansiedad. De acuerdo con este modelo, un nivel de éxitos bajo se atribuye a malos hábitos de estudio y a una deficiente habilidad para hacer los exámenes, en vez de a la ansiedad Matemática. Los esfuerzos para integrar estos esquemas comparativos por parte de algunos estudios dio como resultado la "formulación de la capacidad cognitiva limitada".

Otros investigadores intentan introducir variables mediadoras dentro de los modelos teóricos de la relación, como el sexo, la edad y la raza étnica. Por ejemplo, Aiken (1988) sugiere que el sexo puede ser una variable moderadora importante en la consecución del éxito, en la actitud y en la ansiedad.

Lazarus (1974) estudia tres grupos de cursos escolares (4º a 6º de Educación Primaria, 1º y 2º de Educación Secundaria y 1º y 2º de Bachillerato) y encuentra que la relación entre la ansiedad hacia las Matemáticas y el éxito es significativo desde 4º curso de Educación Primaria. Este hallazgo parece razonable, ya que la ansiedad hacia las Matemáticas puede crecer en cualquier momento durante el período escolar. En este meta-análisis muestra que el rendimiento es decreciente al comienzo de la Enseñanza Secundaria articulado con manifestaciones de inquietud, preocupación y ansiedad ante el aprendizaje de las Matemáticas (Hembree, 1990).

Es significativo el comentario de Bush (1991) sobre esta relación, ya que especifica que la ansiedad tiende a ser mayor en los estudiantes, cuyo rendimiento matemático es instructivo: aquellos con talento o con intención de hacer una carrera, para la que necesitan habilidades cuantitativas. Se trata de alumnos que, a menudo, son capaces de controlar su ansiedad hacia las Matemáticas y canalizarla durante el examen, debido a su fuerte autoestima y a los niveles altos de confianza relacionada con los exámenes.

Lo que puede parecer un resultado anormal, es que la ansiedad hacia las Matemáticas a veces mejora el logro matemático. Por ello podemos diferenciar un grupo de estudiantes "especiales", con alta autoestima, cuyo rendimiento matemático se beneficia de un cierto nivel de ansiedad hacia las Matemáticas.

En semejanza con el estudio anterior, Resnick, Viehe y Segal (1982), manifiestan que un decrecimiento en la ansiedad hacia las Matemáticas no se asocia, necesariamente, con alto rendimiento matemático; lo que supondría dudar de que la reducción de la ansiedad mejore el éxito matemático. Sin embargo, su muestra es un grupo de estudiantes universitarios con unos entornos matemáticos difíciles, por lo que, no sólo debe reducirse el nivel de ansiedad hacia las Matemáticas de estos estudiantes, sino que también deberían mejorar sus conocimientos matemáticos.

Aunque, como dice Reyes (1984), se puede argumentar a favor de cualquier dirección de causalidad. Las variables de la ansiedad pueden ser producto de patrones acumulados de éxito o fracaso académico, o una causa de dichos patrones. La ansiedad es, pues, importante, tanto como variable dependiente como independiente.

También hay posibles relaciones entre la ansiedad y el éxito, incluyendo el autoconcepto, el profesor, las presiones sociales y las esperanzas paternas, al igual que la relevancia o importancia de la tarea, según sea juzgada por el estudiante.

Las características sociales y académicas de los estudiantes parecen la clave para desarrollar esta dinámica de ansiedad-éxito.

Las relaciones pueden ser las siguientes: la ansiedad hacia las Matemáticas puede facilitar el rendimiento matemático, debilitarlo, o no estar asociada con el rendimiento matemático.

Lo que todos los investigadores tienen claro es que el resultado final de las Matemáticas no depende sólo de factores intelectuales, sino que está también determinado por las perspectivas y experiencias de los alumnos, y por la visión de ellos mismos como estudiantes de Matemáticas. En otras palabras, dependen en gran medida de los factores afectivos (Barca, Peralbo, y Brenilla, 2004; Bermejo, 2005; Carbonero, 2011).

Para comprender bien los planteamientos y las posibles discrepancias entre unos y otros, debemos atender a las aportaciones extraídas de Guerrero, Blanco y Castro (2001):

• Un alto grado de ansiedad facilita el aprendizaje mecánico y las clases menos difíciles de aprendizaje significativo, pero tiene efecto inhibitorio sobre aprendizajes más complejos, que son menos familiares o dependen más de habilidades de improvisación que de persistencia.

• La ansiedad facilita el aprendizaje cuando se dan las siguientes circunstancias:

- no amenaza la autoestima personal

- no son tareas exageradamente novedosas o significativas

- la ansiedad es sólo moderada

- cuando el estudiante posee mecanismos efectivos de superación de la ansiedad.

• Los estudiantes con un alto nivel de ansiedad se benefician más de las lecciones expositivas, mientras que los de un bajo nivel de ansiedad se benefician de los métodos de aprendizaje por descubrimiento.

Causas de la ansiedad hacia las Matemáticas

Las causas de la ansiedad hacia las Matemáticas son difíciles de identificar, ya que los bloqueos emocionales se determinan inconscientemente y la ansiedad hacia las Matemáticas es el resultado de diferentes factores (Norwood, 1994). Aun así los diferentes autores acusan a ciertos factores sociales, educativos o ambientales, que pueden hacer que se perciban las Matemáticas como provocadoras de ansiedad. Y ciertos grupos minoritarios mostraron una mayor ansiedad que la media de la población (Wood, 1988). También el tiempo pasado desde el último contacto con la asignatura, el método de aprendizaje, las expectativas, la percepción y la actitud de padres y profesores hacia la disciplina, la habilidad y la seguridad con los números, la ansiedad de los profesores de Matemáticas, la autoestima y la motivación, las experiencias pasadas con las Matemáticas, el libro de texto, el número de alumnos en clase, el tiempo para el examen, el énfasis en las respuestas acertadas, los hábitos de estudio, las creencias sociales, el sexo, el estatus minoritario o mayoritario y la ansiedad al tener que hacer los exámenes de Matemáticas, son variables condicionantes que debemos de tener en cuenta.

El factor que tienen una influencia mayor en la ansiedad hacia las Matemáticas, es la falta de confianza en las habilidades para resolver problemas difíciles (Gonske, 2002), y la baja capacidad para aprender Matemáticas (Birgin y al., 2009).

Yara (2009) considera como provocadores de ansiedad: los profesores que humillan a los alumnos, las metodologías de enseñanza en las que solo hay una forma de resolver un problema, una única respuesta correcta, un profesor autoritario, tener que hablar en público o la cercanía para realizar un examen.

Por su parte, Hadfield y McNeil en Bekdemir (2010) diferencian tres posibles causas:

Ambientales. Experiencias negativas en el aula, presión familiar, insensibilidad de algunos maestros, autoridad dictatorial en clase.

Intelectuales. Las actitudes negativas, escasa confianza en la capacidad Matemática de uno mismo, desmotivación.

Personales. Falta de autoestima, vergüenza a la hora de reconocer que no se entiende un concepto.

En cuanto a las partes de las Matemáticas que producen más ansiedad se encuentra el álgebra, el espacio y las operaciones numéricas; debido a las experiencias negativas en la escuela, a la familia o a los compañeros. Y según Beilock y al., (2010) es peor cuándo un alumno se siente inseguro a la hora de demostrar lo que sabe, si es al final de curso, y cuándo son las niñas las que la sufren.

A continuación analizaremos detalladamente algunas de las causas que hemos citado y que consideramos más influyentes en la ansiedad hacia las Matemáticas.

La ansiedad hacia las Matemáticas y el sexo.

Las diferencias entre hombres y mujeres respecto al éxito y a la ansiedad hacia las Matemáticas es uno de los motivos de mayores discrepancias entre los investigadores. Algunos creen que se deben a razones genéticas, pero la mayoría culpan a la sociedad por provocar estas diferencias. En el primer caso encontramos a Hidalgo y al. (2005), al afirmar que las diferencias entre chicos y chicas son evidentes, sobre todo en la Escuela Secundaria. Beilock, Gunderson, Ramírez, y Levine (2010), comparan alumnos de más de 14 años, y encuentra grandes diferencias unidas al sexo a la hora de resolver problemas matemáticos, si bien, en cuanto a las tareas, las diferencias disminuyen, y el argumento de Çatlioglu y al (2009), es que las desigualdades son pequeñas, pero que cuando se dan, las mujeres muestran más ansiedad que los hombres.

Sin embargo, son más los autores que afirman no hallar discrepancias, y si las hubiere González-Pienda y Núñez (2005), sería por causa de otros factores asociados al sexo; por ejemplo que las mujeres se consideran menos competentes para el aprendizaje de las Matemáticas e incluso, que asumen el estereotipo de que las Matemáticas son cosa de hombres.

También influye la "aceptación social", es decir, los varones, tanto los estudiantes de ESO y de Bachillerato como los de carreras orientadas hacia las Matemáticas, reciben más apoyos de la sociedad y de la misma escuela, lo que provoca una desigualdad mayor en esta relación (Birgin y al., 2009).

Durante mucho tiempo, las esperanzas de éxito y las creencias de profesores y de padres eran mayores hacia los hombres que hacia las mujeres, y con tales ideas preconcebidas limitaban inconscientemente y desanimaban a las mujeres. Muchas jóvenes, que hubieran deseado hacer carreras relacionadas con las Matemáticas, comentan cómo se les decía que no eran importantes para su futuro, incluso cuando les resultaban fáciles y divertidas.

Aunque en los últimos tiempos las cosas han cambiado, y el número de mujeres supera al de los hombres en algunas carreras con contenidos matemáticos, sigue existiendo una especie de desánimo encubierto en otros estudios, en los que se matriculan pocas mujeres. Los profesores y profesionales de la educación deberemos trabajar para controlar, deshacer este estereotipo histórico y evitar que se acreciente esta disparidad.

Otro elemento que define nuestro éxito como estudiantes, es la manera de actuar frente al fracaso. La gente que atribuye un fracaso a factores inestables (aquellos que pueden cambiar, tales como la preparación antes de un examen), demuestra un comportamiento más adaptado y optimista e influye en una mejor realización de su trabajo. En cambio, aquellos que culpan del fracaso a factores estables, como la habilidad innata, muestran un comportamiento más débil y pesimista al enfrentarse a la frustración. En este sentido, parece que los varones imputan el éxito en Matemáticas a la habilidad (factor estable), mientras que las mujeres lo atribuyen al esfuerzo (factor inestable) y culpan del fracaso a los factores estables de falta de destrezas y a la dificultad de la tarea. En esta línea, Pérez Tyteca y al, (2009), afirman que las chicas muestran menos confianza que los chicos en su habilidad Matemática, incluso antes del tercer curso de Educación Primaria. En los estudiantes de Secundaria, la forma deficiente de proceder en la clase se suma a los bajos niveles de confianza en las Matemáticas. Esto demuestra la creencia en el talento innato de la mayoría de los chicos y un sentimiento de que el éxito en las Matemáticas depende más del esfuerzo que del talento, por parte de las chicas.

Creer que las Matemáticas son dominio del varón, puede afectar a la manera de actuar: la persona que siente que las Matemáticas son "su asignatura", es más probable que se comporte de una forma más independiente y autónoma que la que se siente "negada", ya que la primera encuentra placer, y la segunda no disfruta al hacer Matemáticas.

Tobías (1978) acuña los términos "math insiders", los que gozan de las Matemáticas y "math outsiders", los ajenos a ellas. Describe los dos arquetipos aplicando la expresión "math insiders" a los chicos y "math outsiders" a las chicas. Los insiders tienden a correr riesgos más grandes, intentan comprender un proceso o concepto más que encontrar las respuestas correctas a problemas específicos. En cambio, los outsiders son más cautelosos, más impacientes por ajustarse a las "reglas" y más interesados en buscar las respuestas correctas; el placer y el entusiasmo son mínimos, inhibiendo su relación personal con las Matemáticas. Para estas personas, hay una fuerte relación con la autoridad. A menudo perciben al profesor como un "guardia", hasta que encuentran la respuesta correcta. En semejante situación, es comprensible, que la solución a un problema o ejercicio de Matemáticas produzca ansiedad en la persona.

El informe de Hembree (1990) expone que las mujeres reconocen tener ansiedad hacia las Matemáticas más a menudo que los hombres. Sin embargo, su comportamiento matemático en las clases (al menos en Secundaria) es superior a la de sus compañeros varones. Linn (1992) dice que los chicos obtienen mejores resultados en los exámenes y las chicas son superiores a lo largo del curso.

Baya´a (1990), investiga dos escuelas utilizando el cuestionario MARS: una tiene estudiantes procedentes de clase alta y la otra de clase baja, y compara subgrupos por sexo y la nota media en los exámenes finales de Matemáticas de los cuatro últimos trimestres. Los resultados indican que el efecto de una clase socioeconómica variable podía ser más fuerte, a la hora de definir la ansiedad hacia las Matemáticas y el éxito conseguido en ellas, que la variedad debida al sexo.

De hecho Tapia y Marsh (2004); Leder y Forgasz (2006); Muñoz y Mato (2007); Hemmings y al. (2011) no hallaron diferencias, e incluso demuestran que las mujeres son más propensas a adoptar actitudes positivas.

El método de enseñanza de las Matemáticas.

Siempre que se analizan las causas que influyen en el proceso de aprendizaje de un área determinada de conocimiento, uno de los elementos que se investiga, prioritariamente, es el método de enseñanza utilizado. Así, no es de extrañar que al estudiar el fenómeno de la ansiedad hacia las Matemáticas, una de las primeras causas que se presenta para explicar este hecho, sea la falta de propiedad del modelo usado para la enseñanza de esta materia.

En este sentido, Greenwood (1984) considera que el método de enseñanza de las Matemáticas incluye el paradigma de enseñanza, consistente en "explicación-práctica-memorización". Esto da lugar a la percepción de las Matemáticas como una materia que parece fácil y lógica para un número pequeño de "cerebros", e incompresible para la mayoría de la población. Y continúa, "yo mantengo que, hasta que no se aplique el proceso de resolución de problemas a la enseñanza y aprendizaje de la aritmética y los conceptos y las habilidades Matemáticas básicas, continuaremos produciendo adultos y jóvenes, que sufran de la ansiedad hacia las Matemáticas" (p. 663).

El método que pone su énfasis en la memorización, en lugar de en la comprensión y en el razonamiento, se limita a desarrollar procedimientos para engendrar respuestas, aislando los hechos de la razón, que es la base de los algoritmos, desde el proceso de solución de problemas y desde los procesos de pensamiento lógico.

Norwood (1994) realiza una investigación para evaluar la efectividad de un programa, utilizando una metodología relacional y otra instrumental en el aprendizaje y la enseñanza de las Matemáticas, y observar sus efectos en un colegio público urbano en Carolina del Norte y reducir los niveles de ansiedad de los estudiantes. La muestra está integrada por 123 alumnos, de los cuales 62 forman parte de los grupos instrumentales y 61 participan en los grupos relacionales. El nivel de ansiedad, que provocan las Matemáticas, se mide con la escala MAS, resultando consistente y altamente fiable, con un índice de .88 para esta población. Se calculó también la aptitud Matemática con el Test de Habilidad Aritmética (AS). La educación instrumental se basaba en el aprendizaje de fórmulas y reglas, que deberían usarse para resolver problemas de cálculo, y en poner más énfasis en el cómputo mecánico. A la inversa, en el aprendizaje relacional se trabajan las Matemáticas, como un sistema de conceptos y relaciones que se iban organizando, según se aumentaba los niveles de abstracción. Al usar este acercamiento relacional, la construcción de ejercicios de Matemáticas incluye relacionar todo con una amplia serie de conceptos y trazar un plan para cada ejercicio en particular. Implica construir estructuras conceptuales, desde las que un estudiante puede producir un número considerable de reglas que se ajusten a un número ilimitado de situaciones. Esto se lleva a cabo por medio de ejemplos y haciendo más hincapié en la comprensión de principios. Las conclusiones a las que llegó Norwood fueron, que los alumnos, que sufren de ansiedad hacia las Matemáticas, aprenden mejor en un ambiente de aprendizaje estructurado, ya que no confían en su intuición, y prefieren no trabajar de manera independiente o a través de un tipo de aprendizaje basado en el descubrimiento. Se conforman con memorizar y repetir lo que se les manda. En fin, el método y condiciones instruccionales perjudican la calidad de la enseñanza de Matemáticas desde la escuela Primaria, y es imposible asimilar conceptos, a menos que se expliquen por medio de ejemplos. Si a los estudiantes se les enseñara desde pequeños mediante el modo relacional en vez de instrumental, el problema de la ansiedad que produce esta asignatura no sería tan grande. Es por eso, que la dificultad de haber aprendido con un método instrumental se hace evidente, cuando los estudiantes pasan a niveles más altos y el número de reglas establecidas es tan grande que la memoria no es suficiente. El aprendizaje instrumental bloquea la mente del alumno a largo plazo, porque los estudiantes no construyen las estructuras mentales necesarias para entender los conceptos de niveles altos de Matemáticas.

Más aspectos del ambiente instruccional, que afectan a la ansiedad hacia las Matemáticas en los estudiantes puede estar relacionado con la experiencia que cada uno tiene de las Matemáticas. Por ejemplo, la presión impuesta por el profesor justifica un número significativo de malas experiencias con las Matemáticas, o un profesor autoritario y partidario de una disciplina exagerada (Swars, Daane y Giesen, 2010).

Los educadores pueden crear ansiedad haciendo demasiado hincapié en la memorización de fórmulas y aplicando reglas nemotécnicas rutinarias, que llevan inevitablemente al fracaso y a la ansiedad en algún determinado momento (Mato 2010b). De acuerdo con Hyson, Biggar y Morris (2009), es importante que las Matemáticas no se experimenten como una asignatura rígida y autoritaria, que consista solamente en reglas y rutinas para memorizar, obedecer y aplicar ciegamente.

Existe una correspondencia significativa entre la ansiedad del profesor ante las Matemáticas y las prácticas de enseñanza. La tendencia de estos profesores es la de utilizar métodos de enseñanza más tradicionales, en lugar de juegos, resolución de problemas y enseñanza individualizada (Norwood, 1994). Este autor está convencido de que las raíces están en la enseñanza instrumental en Educación Primaria, cuando la existencia del problema es menos obvia que en los cursos posteriores. Porque durante estos años muchos estudiantes memorizan y les es suficiente para resolver los problemas de ese nivel, pero empiezan a fallar cuando llegan a niveles superiores, donde las reglas son tan numerosas, que es imposible memorizarlas todas y luego acordarse de ellas, cuando son necesarias. Estos estudiantes no han sido educados en averiguar el por qué y solo les interesa saber la respuesta correcta. Quizás si llegaran a estar cómodos haciendo Matemáticas y experimentar el éxito, estarían más interesados en entender las habilidades que han aprendido, y distinguir entre "saber" y "saber cómo".

Desgraciadamente, muchos profesores de Matemáticas tienden a conceptualizar y a transmitir las Matemáticas como una secuencia de vocabulario, símbolos, reglas, algoritmos y teoremas, que no son aplicables a los intereses externos de los estudiantes (Bekdemir, 2010). No se dan cuenta, de que el conocer implica comprender y poder aplicar lo aprendido a situaciones prácticas del vivir diario. Las Matemáticas no tendrán significado para los educandos, a menos que desarrollen los conceptos en su propia mente y descubran las relaciones por sí mismos. Además la ansiedad consume el espacio de memoria que se necesita para resolver problemas matemáticos (Ashcraft, 2002).

Otro prejuicio es que ciertas ramas de las Matemáticas se explican de manera demasiado profunda, antes de que los niños tengan la suficientemente madurez intelectual para comprender los conceptos abstractos, o no estén motivados para estudiar algo que no tenga relevancia, significado o interés para ellos. También la repetitividad, la falta de relevancia y de aplicación práctica pueden producir que las Matemáticas no les gusten y sientan miedo de no ser capaces de enfrentarse a tales operaciones.

Un nuevo inconveniente es el ansia de los profesores, para que los alumnos realicen las tareas, es decir, la preocupación excesiva por los resultados, y la falta de motivación lo que debilita la seguridad del alumno, le perjudica en vez de causar ilusión por aprenderlas (Hoyles, 1991). Esto es un error del método de enseñanza y no es debido a la naturaleza abstracta de las Matemáticas.

Los profesores que se limitan a utilizar métodos tradicionales en sus clases, basados en lecciones magistrales, crean estudiantes con más fobias hacia las Matemáticas que aquellos otros que utilizan estrategias de enseñanza basadas en el descubrimiento y que incluyen: animar a los alumnos a que trabajen en pequeños grupos de cooperación, compartir estrategias, o utilizar una enseñanza más personal y orientada a los procesos, poniendo especial énfasis en la comprensión (Woodard, 2004).

Por consiguiente, las actitudes de los escolares serán más positivas, si el entorno de aprendizaje no es de miedo; si las actitudes de aprendizaje son apropiadas a los niveles de conocimiento de los estudiantes, y si son significativas, tanto desde la perspectiva del profesor, como desde el sentir del alumno. La enseñanza debe poner el énfasis en las estrategias de aprendizaje activas y creativas, en vez de insistir en el tradicional paradigma de enseñanza: explicar-practicar-memorizar (Hannula, 2002). Pues como dice Southgate, (2009) la ansiedad Matemática es debida a las actitudes negativas. E Hidalgo, Maroto y Palacios (2005) añaden que no son variables separadas. Nuestros estudios a este respecto confirman correlaciones significativas, es decir actitudes negativas aumentan la ansiedad, y a mayor ansiedad peor rendimiento (Mato, 2010c).

La ansiedad del profesor de Matemáticas.

Las percepciones y experiencias, que tienen los estudiantes acerca de las Matemáticas, están influenciadas por el tiempo que pasan en clase de Matemáticas. A este respecto, Cockcroft (1982) refiere, que los profesores pueden tener un papel importante en la formación de las actitudes de los estudiantes en sus expectativas y en una posible transmisión de sus propios sentimientos hacia las Matemáticas. Si las actitudes de los profesores son positivas, pueden ayudar al estudio de las Matemáticas, mientras que las negativas pueden inhibir el aprendizaje. Y si los profesores sienten cierta ansiedad, maximiza la de los alumnos y disminuye el éxito de la enseñanza-aprendizaje de la asignatura.

Es una realidad que muchos docentes, que estudiaron la carrera de maestro, tenían afectos negativos hacia la Matemática. Jackson (2008) apuntan que, en general, el tipo de persona que se dedica a la enseñanza en la escuela Primaria, no es necesariamente aquel que disfruta, o que incluso está interesado por las Matemáticas. Tener que enseñar a sus alumnos una asignatura, que no les agrada, es extraño. Hay que tener en cuenta, que cuando un profesor enseña Matemáticas es observado constantemente y esta situación puede producir ansiedad, especialmente en aquellas personas, que están angustiadas por las Matemáticas.

Hay una buena razón para creer que los profesores, que están clasificados como ansiosos, albergan sentimientos significativos y potencialmente deprimentes hacia las Matemáticas. Según este juicio, Gleasom (2007), al evaluar a los profesores de Educación Primaria y su capacidad para enseñar Matemáticas de manera efectiva, mostró que los niveles altos de ansiedad están relacionados con el estilo de enseñar. Por ejemplo, el profesor que ve las Matemáticas como un conjunto de reglas y hechos, o el que actúa como un intérprete, causan mayor ansiedad. También Jackson (2008) asegura que las actitudes que experimentan los profesores de Primaria o una cierta incomodidad, cuando tienen que explicar Matemáticas, pueden afectar a las actitudes del estudiante y a su ansiedad, especialmente si las expectativas de éxito son poco realistas, o si los profesores tienen ansiedad hace las Matemáticas. Comparado con otras asignaturas, Kelly y Tomhave (1985) añaden que los profesores interinos tienen un alto nivel de ansiedad hacia las Matemáticas, sobre todo en el caso de tener que resolver problemas.

Evidentemente, los maestros relacionan su ansiedad y vergüenza al frente de la clase, o ante otros profesores y ante los padres de sus alumnos, con sus propias experiencias en el colegio, con la manera en que se les enseñó a ellos, y como resultado de interpretaciones equivocadas, (por ejemplo pensar que hacer Matemáticas es un esfuerzo solitario), y que cada problema tiene sólo una respuesta y una única forma de conseguirla (Bekdemir, 2010).

Es posible que las técnicas de enseñanza se vean afectadas por el desarrollo de comportamientos de aprendizaje autónomos o más dependientes (Bursal y Paznokas, 2006). También la instrucción basada en reglas, memorización, algoritmos, demostración, aprendizaje pasivo, o el profesor como fuente de información y como árbitro con la respuesta correcta: es decir, con una metodología de enseñanza similar a la que utilizaron sus maestros con ellos.

Se debe resaltar que las cualidades personales de los profesores son importantes en la formación de actitudes hacia las Matemáticas. También los currículos específicos y las innovaciones instruccionales tienen un impacto importante en las actitudes de los alumnos. Esto es preocupante, porque provoca en los alumnos un entorpecimiento de su pensamiento crítico, del desarrollo de la resolución de problemas, de la transferencia y aplicación de habilidades y, además, impotencia, ya que los alumnos creen que sus propios esfuerzos son irrelevantes, porque el profesor es quien tiene el control.

Además, los educadores con actitudes positivas hacia las Matemáticas, utilizan métodos que animan a la iniciativa y a la independencia, centrándose en el descubrimiento y las explicaciones de por qué los algoritmos funcionan y cómo las habilidades se interrelacionan, y se les pide a los alumnos probar, explicar y justificar sus repuestas y también conocer sus errores. Estos alumnos son capaces de aplicar mejor sus habilidades y de responder ante situaciones nuevas (Anderson y Schunn, 2007).

Pero los maestros con ansiedad hacia las Matemáticas, según Sánchez, Segovia y Miñán, (2011), utilizan métodos más tradicionales, enseñan más habilidades que conceptos y dedican más tiempo al trabajo individual y a la instrucción en clase y menos tiempo a aspectos, como la resolución de problemas y al trabajo en pequeños grupos, lo que redunda en que los estudiantes les hacen menos preguntas. También Peker (2009) acusa al comportamiento de los profesores, desde la Educación Infantil hasta la Universidad. Cita además, la dificultad del material, las conductas hostiles del profesor, los prejuicios respecto al sexo, las actitudes de insensibilidad, las barreras de comunicación y lenguaje, la calidad de la enseñanza, la discriminación de edades y el desencanto del profesor por el nivel de la clase.

Nadie duda que el profesor de Educación Primaria es una parte importante en el entorno matemático del individuo. Sus actitudes son una fuerza potente en la clase y son capaces de impactar en las de los estudiantes. La cuestión es, si la ansiedad hacia las Matemáticas y/o el evitar las Matemáticas, puede ser transmitido, si es relevante o no y, si esto es así, si el círculo debería romperse. A este respecto Bekdemir (2010), dice que la ansiedad hacia las Matemáticas es contagiosa y trascendental en sus consecuencias. Y Kelly y Tomhave (1985) examinan un grupo de estudiantes de primer curso de universidad, usando el cuestionario MARS. Afirman que los "Universitarios de Primer curso" presentan puntuaciones mayores que cualquier otro grupo, lo que les lleva a concluir que, si los resultados del estudio son representativos en profesores de Educación en Prácticas, entonces los profesores de Educación Primaria, quienes constituyen la mayoría de los profesores, pueden estar perpetuando la ansiedad hacia las Matemáticas en los alumnos en sus propias aulas.

Por su parte el estudio sobre profesores con experiencia en la Educación Primaria, realizado por Wood (1988), muestra que el 16% de ellos pueden clasificarse como personas con ansiedad hacia las Matemáticas.

Lo que está claro es que los profesores que humillan a los estudiantes porque no son capaces de operar adecuadamente, normalmente ante la pizarra, y los califican de estúpidos en público por no ser competentes, no pueden generar entusiasmo y atracción por una asignatura, por la que ellos tienen miedo y ansiedad. Los alumnos tienden a interiorizar los intereses de su profesor y su entusiasmo y, si perciben que el educador no es feliz enseñando Matemáticas y que no se divierte estando con ellos en clase, estarán menos motivados para aprender. Los recuerdos negativos son tan profundos, que la ansiedad hacia las Matemáticas puede persistir durante 20 años o más.

El ciclo de matefobia debe romperse también con los profesores en las Facultades donde se forman. Estos temores necesitan tratamiento (Fotoples, 2000).

Hay algo básico, la actitud del profesor, la gestión que haga del aula es lo que marca la diferencia, el querer hacerlo, el estar convencido de su importancia, creer en lo que hace. La realidad respalda el hecho de que una clase calificada como normal, puede ser verdaderamente recreativa, mientras que otra planteada como recreativa puede ser una clase sin vida y sumamente aburrida..

Un objetivo muy importante es la persecución del placer intelectual, el aumento de la cuota de felicidad. Tanto para el alumnado, como para el profesorado. Si no se disfruta del trabajo que se realiza, es difícil transmitir entusiasmo. Si no sentimos que las Matemáticas sirven en la vida diaria y su enseñanza es un reto al que vale la pena dedicar esfuerzos, vale muy poco lo que hacemos. Como expresa Alsina (1994) sobre el realismo en la educación Matemática: "...Salid a la calle, observad lo que hacen los ciudadanos y ciudadanas y reflexionad sobre vuestro trabajo, mirándolo desde la vida...Si veis que creen, que los profesores y profesoras no son gente campechana, dispuesta a ser divertida y útil..., entonces, ¡no ha servido para nada enseñar Matemáticas!"

Y Corbalán (1995) añade que con las Matemáticas no podemos ofrecer a nuestros alumnos ni fama ni dinero, pero sí placeres intelectuales, perspectivas ricas y acercamientos críticos a la realidad. Y añade que no dejemos pasar la ocasión, ni por los alumnos, ni por nosotros.

Características innatas de las Matemáticas.

Las Matemáticas tienen propiedades peculiares, que hacen aparecer en los estudiantes la desgana, el miedo e incluso las fobias (Hoyles, 1991). Tienen ciertas peculiaridades que originan problemas especiales al estudiante y que hacen a la aritmética frustrante, incluso para los niños, que son inteligentes y buenos en otras asignaturas. En consecuencia, ciertas características distintivas intrínsecas de las Matemáticas, como su lenguaje, la lógica y el énfasis en la solución de problemas, o la velocidad y precisión, que se requieren para las Matemáticas (Cockcroft, 1982), provocan en los alumnos el rechazo, la falta de entusiasmo y, en ocasiones, la ansiedad.

Siempre se ha considerado el aspecto deductivo formal, como una de las principales dificultades en el aprendizaje de las Matemáticas. Y tal es así, que se ha estimado como adecuado el abandono de las demostraciones formales en algunos programas de Matemáticas de Educación Secundaria. Esto, sin embargo, no incluye el abandono del pensamiento lógico: es decir, la capacidad para seguir un argumento lógico (Rico, 2005). Las aplicaciones más instrumentales de las reglas Matemáticas no deben implicar abandonar los métodos intuitivos, las conjeturas y los ejemplos. El pensamiento lógico debe estar presente en todas las actividades Matemáticas y, además, se debe conjugar esta lógica con la lógica social en la que el alumno está inmerso.

Otra consideración que debemos tener en cuenta, es la de Bower (2001), quien dice que la abstracción es algo peculiar de las Matemáticas y puede llevar a la ansiedad hacia las mismas. Afirma que a menudo se utilizan términos numerales pertenecientes al cálculo, relacionados unos con otros más que con cosas definidas. Las reglas pueden, por lo tanto, no tener significación específica para alguien, que no tiene mucha práctica con este tipo de "gramática", a no ser que se proporcionen ayudas concretas.

Al mismo tiempo el lenguaje de las Matemáticas es muy preciso, con pocas redundancias, haciendo difícil adivinar los componentes que faltan, y a menudo se utilizan abreviaturas en operaciones simbólicas. El mismo símbolo puede ser usado para diferentes fines, lo que puede no ser fácil de entender para un niño. Un pequeño desliz en la exactitud en cualquiera de los pasos, en la resolución de un problema, puede llevar a un error en el proceso, en el resultado y, por lo tanto, al fracaso. Todo esto nos conduce a una falta de comprensión, confusión, falta de confianza, desánimo, pasividad cognitiva, falta de motivación y ansiedad.

En ciertos momentos los estudiantes encuentran en el lenguaje matemático numerosos términos especializados y símbolos, tan difíciles de entender, como si se tratase de un idioma extranjero, y además las palabras simples de origen inglés pueden transformarse en complicadas al emplearse en Matemáticas. Como ejemplo, mientras el término "multiplicar" se relaciona habitualmente con aumento en la cantidad, en Matemáticas una cantidad decrece al ser multiplicada por una fracción de la unidad (Tobías, 1978). También algunas palabras del lenguaje matemático son poco habituales en el lenguaje común, por ejemplo, hipotenusa o paralelogramo. Incluso algunas palabras pueden tener diferente significado en Matemáticas y en el lenguaje habitual, por ejemplo: raíz, potencia, matriz y muchas otras, lo que produce confusiones en los alumnos.

Habitualmente cuando hablamos, cometemos abusos morfosintácticos, como faltas de ortografía o roturas de las reglas gramaticales, sin que la frase pierda significado con ello. Sin embargo, el lenguaje de las Matemáticas es más preciso, está sometido a reglas exactas y, para que comunique algo, se ha de expresar con precisión.

La educación Matemática pone en juego una mezcla peculiar de lenguaje natural, simbólico y gráfico. En el texto o en un problema se pueden mezclar unas líneas explicativas, unos datos numéricos, unas incógnitas que hay que simbolizar, unas variables que hay que representar que no son incógnitas, un gráfico que contiene letras y números, etc. El simple uso de toda esta diversidad de componentes puede ser extremadamente difícil. Y la simple notación puede crear una tremenda inseguridad, no sólo para resolver un problema, sino también para plantearlo. Otra inseguridad puede producirse por falta de experiencia sensible respecto a los temas planteados: sin haber construido, recortado, sin ver o sin tocar algunas figuras geométricas, algo en apariencia trivial puede resultar lejano y abstracto.

Por estas razones, los profesores deben desarrollar sus propios términos en clase. Por ejemplo, en vez de dar una definición directa de un rectángulo, el profesor puede mostrar un número de figuras rectangulares, pedir que las identifiquen según sus propiedades comunes y unir esas propiedades para dar la definición.

A medida que los alumnos van resolviendo problemas, hay posibilidades de que surja un elemento desconocido y, de acuerdo con Hannula, (2001) la ansiedad surge cuando los alumnos se enfrentan a lo desconocido y lo encuentran temible en lugar de divertido.

Wells (1994) sugiere que se desmitifiquen las Matemáticas y "se elimine la invisibilidad en la que, normalmente, está camuflada". Igualmente, Hancock (2001) indica que, dado que el desarrollo matemático del individuo vuelve a trazar la historia de las Matemáticas, si usamos esta historia de manera auxiliar, puede cambiar la percepción de las Matemáticas y hacerlas menos temibles. También trabajar en grupos y hacer preguntas le da al estudiante la oportunidad de hablar y de escuchar sobre Matemáticas, y le ayuda a la identificación de las dificultades que se presentan en el lenguaje matemático.

Experiencias negativas y fracasos en Matemáticas.

Para numerosos autores, la ansiedad Matemática es el resultado de una historia de experiencias negativas en situaciones relacionadas con las Matemáticas, dando como resultado sentimientos de impotencia y desesperación, una baja auto-confianza académica en general y una baja autoestima Matemática (Furner y Berman, 2003; Jackson, 2008; Yara, 2009).

Por su parte Gal (2002) dice que, después de varias situaciones negativas, las lecciones de Matemáticas se convierten en un estímulo aprendido de ansiedad. Es más, asegura que la ansiedad hacia las Matemáticas se forma durante los años del colegio y es, en su mayoría, modelada por distintos factores sociales, afectivos y cognitivos actuando juntos.

Como resultado de experiencias negativas, a veces los alumnos se creen faltos de habilidad, algo imprescindible, pues facilitan el conocimiento y operan directamente sobre la información (Malva y al., 2008).

Hyson, Biggar y Morris (2009), citan, por ejemplo, un cambio de profesor, quedarse rezagado por alguna razón, demasiadas expectativas por parte de los padres, o un profesor antipático y poco comprensivo. De ahí que debamos examinar nuestras prácticas escolares, porque la fobia a las Matemáticas no es una tendencia heredada, se crea y por lo tanto, las Matemáticas necesitan destrezas de pensamiento secuencial, pues cualquier resentimiento en la clase tendrá efectos negativos (Jackson 2008).

Los resultados de Crook y Briggs (1991) manifiestan que los estudiantes culpan a sus profesores de provocarles un alto grado de estrés; de transmitirles una enseñanza mediocre y, de tener una relación pobre con ellos. Sugieren que el contexto educativo es importante y la falta de sensibilidad de los profesores (personalidad), la humillación que sienten los estudiantes, sus experiencias, así como los sentimientos de impotencia, también pueden ser factores clave.

Los educadores, que son impacientes y antipáticos, que castigan por no comprender y que atribuyen el fracaso de los alumnos a la falta de atención más que a una explicación inadecuada, pueden inculcar miedo en sus alumnos (Smith, 2000). Particularmente entre los 10 y los 13 años, es frecuente que se experimente el fracaso, se sientan nerviosos y encuentren aburridas las Matemáticas.

Jackson (2008) habla de aquellos docentes, que hacen advertencias peyorativas a los estudiantes. Cita expresiones y comentarios como: "No se crean más listos de lo que son". Puntualizando un error cometido por un alumno en clase, el profesor grita: "¿Cuántas veces tengo que decirte...?". Profesores que no responden a las necesidades de los estudiantes en cuanto a tutorías y clarificación de dudas, que muestran insensibilidad a los estudiantes que presentan alergia a la tiza, que fuerzan a los estudiantes a ir al encerado, a resolver problemas que no entienden y que no pueden hacer, diciéndoles: "¡Levántate y ve al encerado!, ¿Puedes o no?"., o que cuando los estudiantes piden ayuda gritan diciendo: "¡No!, tú otra vez, qué fastidio!", o simulan estar tan ocupados que se ignora la necesidad del estudiante. Profesores que ridiculizan a los estudiantes "lentos" delante de sus compañeros, que se sienten ofendidos por tener que dar clase en niveles bajos y descargan sus frustraciones sobre los estudiantes que muestran rabia o disgusto cuando les piden ayuda. Profesores que muestran insensibilidad a alumnos repetidores de curso, si éstos tienen ansiedad.

Se concluye que la conducta del profesor, que produce respuestas de ansiedad en los estudiantes, sin considerar la edad que tienen, se puede catalogar como encubierta y no encubierta. No encubierta u observable, es aquella conducta que puede ser verbal o no verbal. Por ejemplo, un profesor que frunce el ceño o hace un comentario peyorativo del tipo: "Deberías saber esto", "Si leyeras tu libro de texto, no tendrías problemas", "Fracciones, fracciones, ¿Por qué no puedes aprender fracciones?".

Una conducta encubierta se manifiesta de otra manera: los profesores suspiran de una manera humillante, evitan el contacto visual con los estudiantes o, si está parado cerca, hace oídos sordos ante el alumno que necesita ayuda.

Este tipo de conducta, aunque vetada o supuesta, puede también tener los mismos efectos deprimentes que la conducta no encubierta. En ambos casos, el comportamiento del profesor interfiere en la habilidad para concentrarse en las clases de Matemáticas.

Por lo tanto, es necesario fomentar habilidades Matemáticas en los estudiantes: recogiendo, analizando, comprendiendo, procesando y guardando información en la memoria. Posteriormente deben recuperarla, emplearla o transferirla donde, cuando y como sea más conveniente, y finalmente retroalimentarla.

El Informe Cockcroft (1982) afirma que no se debe permitir que los alumnos experimenten fracasos repetidos. Sea cual sea la causa, se puede prevenir.

La ansiedad y los exámenes de Matemáticas.

El nerviosismo de los estudiantes empaña su trabajo, tanto diariamente como durante los exámenes, pues no sólo tienen dificultades a la hora de aprender, sino también a la hora de expresar en los exámenes lo que han aprendido.

La ansiedad ante los exámenes es una forma de ansiedad que podemos llamar de "situación específica". De hecho, los exámenes son, junto con las técnicas de estudio y los problemas emocionales, la causa más habitual de ansiedad.

También Scher, y Osterman, (2002) demuestra en sus estudios la relación entre medidas de ansiedad hacia las Matemáticas y ansiedad ante los exámenes.

Por su parte, Scherer (2000) ha probado muchas de las técnicas comunes con estudiantes para vencer sus preocupaciones: clases que giren en torno a los estudiantes, elección de temas tabúes, humor, proyectos extra de créditos y uso de la calculadora para todo, entre otras técnicas. Sin embargo, se sigue sintiendo frustrado por el alto porcentaje de estudiantes que suspenden o a los que les sale muy mal el examen, a pesar de que parece que tienen habilidad para hacerlo mucho mejor. De hecho, muchos de ellos son estudiantes ejemplares en las demás asignaturas, lo que le lleva a estar de acuerdo con Puteh (2002) en que la ansiedad hacia las Matemáticas afecta frecuentemente a gente que es muy buena en otras áreas.

De acuerdo con Reyes (1984), la ansiedad ante los exámenes tiene dos componentes principales: la preocupación (inquietud cognitiva sobre la actuación) y la emotividad (aparición del sistema nervioso autónomo en situaciones de exámenes). El componente emocional consiste en nerviosismo y miedo relacionado con trabajar con las Matemáticas. El otro componente, preocupación, se asocia con pensamientos recurrentes y verbalizaciones de auto-desaprobación sobre el propio rendimiento académico y sus posibles consecuencias negativas.

Las dinámicas cognitivas y emocionales de la ansiedad hacia las Matemáticas son muy similares a las de la ansiedad ante un examen, convirtiéndola en un área de estudio para los investigadores, médicos y profesores interesados en las ansiedades relacionadas con la resolución y sus efectos en la tranquilidad durante el aprendizaje y el bienestar de los estudiantes.

Asegura McLeod (1989) que hacer un examen de Matemáticas con un límite de tiempo y con órdenes de hacerlo lo mejor posible es para muchos sujetos, que presentan ansiedad hacia las Matemáticas, tan amenazador como un examen a vida o muerte. Y lo peor es que puede existir en niños pequeños.

Además se incrementa de manera significativa con la edad y puede estar relacionada con el sexo (siendo más evidente en las chicas, porque se ponen más nerviosas) y con el Cociente de Inteligencia, siendo posible que la puntuación del CI ya refleje los efectos de la ansiedad ante los exámenes (Szetela, 1973).

Es interesante la aportación de Tobías (1985), quién propone un modelo deficitario alternativo, que atribuye los bajos resultados de los estudiantes con ansiedad ante los exámenes, a los malos hábitos de estudio y/o a una deficiente habilidad en la resolución de los mismos. Los conflictos dentro de esta discusión hacen surgir preguntas: ¿la ansiedad ante los exámenes, es una construcción cognitiva o es del comportamiento?, ¿cuál es la dirección causal de la relación entre esta ansiedad y su ejecución? Una síntesis de su investigación es que se debe más al comportamiento que a la naturaleza cognitiva del individuo. Esto causa una realización deficitaria, por lo que, la evidencia apunta a la interferencia entre conductas y conocimiento, más que al déficit en el modelo de la ansiedad ante los exámenes.

La mayoría de las investigaciones, con todo, afirman que ambas construcciones están altamente relacionadas.

Figura 19. Causas de la ansiedad hacia las Matemáticas.

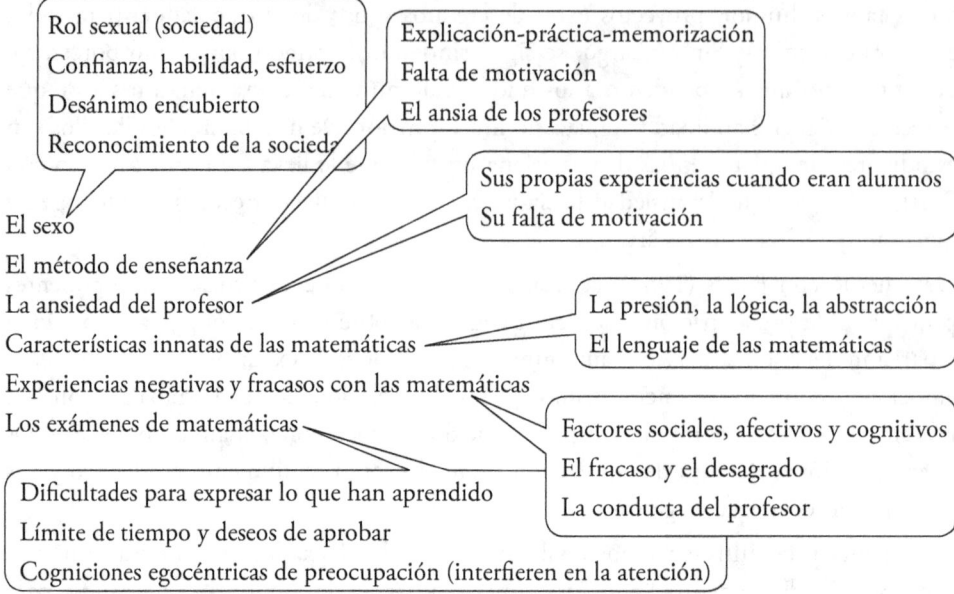

Finalizamos este apartado con las aportaciones del NCTM (1991).

• Todo estudiante puede aprender Matemáticas si se le proporciona el tiempo necesario y una instrucción a tono con su estilo de aprendizaje.

• Todo estudiante debe tener la oportunidad de aprender Matemáticas.

• La enseñanza debe orientarse a la solución de problemas adecuados a la realidad de los estudiantes, dar importancia al proceso y a las implicaciones que tienen su solución.

• Enseñamos y aprendemos Matemáticas para pensar y desarrollar la imaginación y las destrezas de pensamiento crítico.

• Comunicamos-formamos comunicadores asertivos que tengan pleno dominio del lenguaje matemático.

• Aplicamos-preparamos al estudiante para el mundo del trabajo y para aprender a aprender.

• Valoramos-sensibilizamos al estudiante sobre su entorno humano y social.

• El proceso de enseñanza-aprendizaje se llevará a cabo utilizando un enfoque constructivista.

• El proceso de enseñanza-aprendizaje se llevará a cabo utilizando un enfoque de trabajo cooperativo.

• Los maestros deben servir como facilitadores, proveer un ambiente que invite al estudiante a explorar, investigar, analizar, inquirir, justificar, crear, construir, modelar y comunicar.

• La tecnología moderna debe ocupar un lugar primordial en la enseñanza de las

Matemáticas.

• La enseñanza de las Matemáticas debe integrar valores, orientar sobre las distintas ocupaciones y nutrirse de los aspectos relacionados con la realidad.

• La evaluación del aprendizaje es parte integral del proceso de enseñanza y requiere formas múltiples y variadas para obtener información.

Prevenir la ansiedad hacia las Matemáticas

La escuela debe hacer modificaciones en las estrategias de enseñanza, el currículo, las actitudes del maestro, la evaluación, la cultura escolar,… para prevenir la ansiedad hacia las Matemáticas (Alemany, 2010; Southgate, 2009).

Lo que pasa es que no nos damos cuenta de que hacer cuentas, rellenar cuadernos, atiborrar de números la pizarra no despierta la pasión de los estudiantes. Para que nuestros alumnos sientan ganas de hacer Matemáticas tienen que percibir que son útiles y nencesarias. También necesitan confiar en sus habilidades, es decir, necesitan una autoestima matemática. Y ya que en una clase hay miles de situaciones complejas, diferentes, imprevistas y rápidas, debemos disponer de todo tipo de conocimientos, pautas y modelos para aplicar de manera inmediata en el aula en caso necesario.

Los profesores tenemos la responsabilidad de ayudar a los estudiantes a aprender el contenido de esta materia y también a prepararlos para que sean pensadores críticos en la era de la información actual (Tárraga, 2008).

Para prevenir o disminuir la ansiedad ante las Matemáticas, se debe construir la auto-confianza del niño, convenciéndolo de que el odiar las Matemáticas no lo convierte en una mala persona (Smith, 2000). También se puede hacer un buen uso de los juegos, de las actividades de grupo y de las tareas cuidadosamente escogidas (Darder Y Bisquerra, 2001).

Desterrar los modelos tradicionales basados en la transmisión de conocimientos y acercarnos a otros planteamientos educativos más pertinentes y novedosos como, por ejemplo los constructivistas, ya que hacen pensar en la necesidad de un cambio profundo en su enseñanza. Una transformación de este género implica que el aula se constituya en una comunidad de reflexión activa, un lugar donde los alumnos desarrollen ideas personales sobre las Matemáticas, y requiere importantes cambios en el modo de entender los roles del profesor y del alumno. El profesor debe crear un clima de aula en donde el alumno tenga la oportunidad de discutir e integrar la nueva información con relación a la que ya posee, de explicar y justificar sus propios métodos de solución, incluso aunque no sean las explicaciones más correctas y adecuadas desde el punto de vista formal

En consecuencia, el papel tradicional del profesor como conocedor y el alumno como desconocedor se desvanece, dejando paso a una imagen del profesor como facilitador, cuya tarea no consiste en dar conocimientos, sino en proporcionar a los estudiantes oportunidades para alcanzarlos (Baklarz, 2003).

Desde estos planteamientos, los niños construyen su propio conocimiento matemático de modo que no adquieren los nuevos contenidos mediante un simple proceso de absorción, sino que los integran y estructuran en función de sus competencias cognitivas.

Además, la instrucción en Matemáticas debe organizarse de manera que facilite la construcción de conocimientos por parte del alumno, asumiendo que los profesores y los alumnos son creadores de significados y que los primeros se convierten en guías de aprendizaje, estructurando el clima social-cognitivo de la clase.

Por otra parte, la base para secuenciar los objetivos de instrucción ha de provenir no sólo de los conocimientos que tenemos actualmente sobre el desarrollo general de los alumnos, sino también del desarrollo que siguen en la adquisición de contenidos matemáticos específicos. A este respecto, conviene resaltar que el bagaje de conocimientos se incrementa ostensiblemente, por ejemplo, sobre los pasos evolutivos concernientes al desarrollo de las estrategias de resolución de las operaciones, los factores explicativos de las dificultades encontradas por los niños al resolver los problemas, los conocimientos informales, etc.

Finalmente, las habilidades Matemáticas deberían enseñarse preferentemente en el marco de la resolución de problemas (insistimos en ello), ya que los primeros conceptos que desarrollan los niños sobre las operaciones proceden de contextos de la vida real en los que "se da" o "se quita" algo, pero nunca de las expresiones numéricas. Además, los problemas pueden ofrecer situaciones del mundo real, que motivan a los niños y facilitan la aplicación de sus habilidades Matemáticas (Baloglu, 2002; Baklarz, 2003).

Los profesores deben tener cuidado cómo hacen las preguntas y qué respuestas son las correctas, además, de la instrucción y la evaluación positiva, ya que pueden convencer a los estudiantes de que son capaces de hacer las cosas bien.

Asimismo, las actitudes de los profesores acerca de las Matemáticas influyen en la actitud de los estudiantes. Comenzando con la aritmética en Educación Infantil y hasta más o menos el 4º curso de Educación Primaria, la mayoría de los estudiantes tienen actitudes positivas sobre la asignatura y se divierten estudiando Matemáticas. Pero en los cursos intermedios, muchos profesores se centran en explicar-practicar-memorizar, lo que puede ser fuente de la ansiedad hacia las Matemáticas. Si a los estudiantes se les pide gastar su tiempo en aprender y en practicar procedimientos, que ven que no tienen conexión con la vida real, piensan que las Matemáticas son algo que no puede ser entendido. Y debido a que no tienen sentido para ellos, no relacionan, y entonces memorizan (De la Torre, Mato y Rodríguez, 2009). Convencidos de que nunca las entenderán y de que solo pueden aprenderlas a través de la memorización, la falta de confianza en sí mismos hará que las teman e incluso, las eviten (Dee, 2007).

Desde un enfoque constructivista, el maestro tiene que partir de las experiencias previas de sus alumnos, debe usar técnicas de enseñanza y disponer de un ambiente apropiado, de acuerdo con los diferentes estilos de aprendizaje de los estudiantes, y éste tiene que sentir el deseo de aprender y creer que puede hacerlo (Estrada, Batanero y Fortuny, 2003).

El profesor debe demostrar a sus alumnos que el conocimiento de las Matemáticas le es y le será de utilidad. Y el estudiante debe saber cómo se aplica lo estudiado en su vida personal actual y futura y en su futuro profesional.

El educador tiene que diseñar las actividades de aprendizaje en las que el alumno defina, ilustre, dibuje, mida, construya, explique, relacione, pruebe, contradiga, cuestione, justifique, generalice y aplique. En ocasiones trabajará en equipo y en otras individualmente.

El estilo de aprendizaje de cada estudiante estará determinado por dos factores: la manera en que percibe y procesa la información y las experiencias en las que participa. No podemos usar la clase magistral como única técnica de enseñanza, porque los estudiantes que perciben y procesan mejor por los sentidos (de forma afectiva, empática, intuitiva) no logran alcanzar los objetivos que nos proponemos. Tampoco podemos trabajar todo el tiempo en la fase concreta o visual, usando la técnica de laboratorio o de demostración, ya que los alumnos que pueden percibir y procesar la misma información por el razonamiento (de forma analítica, abstracta y lógica) no están recibiendo todo el beneficio del curso.

Por lo tanto, el profesor atenderá a sus alumnos de acuerdo con su estilo de aprendizaje; ya sean imaginativos, analíticos, de sentido común y dinámicos, y trabajará para todos de manera que el aprendizaje proporcione experiencias concretas y conceptualizaciones abstractas, experiencias activas y observaciones reflexivas.

Además evaluará a los alumnos al comenzar el curso escolar, pues así podrá mejorar el proceso de enseñanza-aprendizaje sobre la marcha. La filosofía de fondo es hacer una evaluación lo más sistemática y coordinada posible, de forma que el Equipo Docente tenga la máxima información desde el principio, para que pueda plantearse estrategias de trabajo comunes.

Igualmente, se debe ayudar a los estudiantes a situarse en la nueva etapa y, quizás, en el nuevo centro. Por eso también se aportarán sugerencias para tutores y orientadores.

En las clases se pueden llevar a término múltiples actuaciones, que hagan ver la asignatura no como algo hostil, sino que los mismos alumnos descubran suficientes razones para querer aprenderlas. Citamos algunas:

Figura 20. Actuaciones con los alumnos.

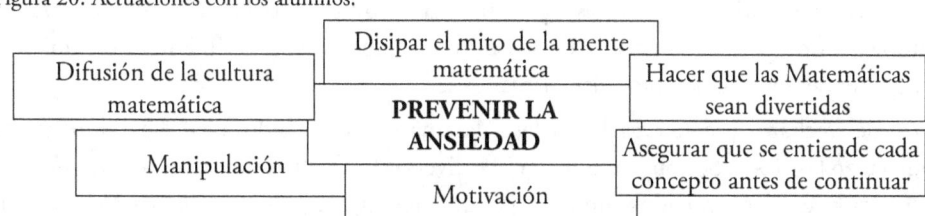

Disipar el mito de la mente Matemática (Yin, 2011).

Muchos estudiantes, cuando llegan a clase lo hacen convencidos de que es una asignatura más difícil que las demás, que no les resultará fácil aprenderlas y que no son aptas para todo el mundo. Por lo tanto, convencerles de lo contrario y reducir así los riesgos y consecuencias del fracaso, aumenta el desarrollo de las actitudes saludables y seguras hacia el aprendizaje matemático.

Hacer que las Matemáticas sean divertidas (Ertekin, 2010).

La Matemática recreativa resulta interesante y útil, porque es atractiva para los alumnos y además sirve para conectar las distintas partes de las Matemáticas entre sí y con otras áreas. Permite la puesta en práctica de recursos intelectuales y estrategias diversas, al intentar resolver los problemas que se plantean en cualquier situación. Ayuda a perseverar en la búsqueda de soluciones o de estrategias, al constituir un desafío para determinados alumnos. Favorece la integración e incorporación a la actividad Matemática de aquellos alumnos que tienen bajo rendimiento escolar por diversos motivos, pero que reaccionan positivamente en situaciones abiertas de aprendizaje, fuera del marco clásico.

El ambiente que rodea el aprendizaje de las Matemáticas es a menudo rígido, formalista y aburrido. Los juegos matemáticos motivan el aprendizaje al mismo tiempo que alejan las Matemáticas de un contexto estresante. Trabajar con rompecabezas o hacer juegos con un ordenador desarrollan la facilidad para manejar números y una actitud positiva hacia las Matemáticas. Es necesario impulsar la actividad Matemática, a través del juego y del uso de recursos materiales y tecnológicos, recreando situaciones motivadoras que faciliten el descubrimiento de los distintos aspectos matemáticos objeto de estudio.

Asegurar que se entiende cada concepto antes de continuar.

En una clase hay diferentes niveles de conocimientos y muchos alumnos se sienten frustrados, cuando no son capaces de entender o de seguir el ritmo de otros compañeros y se desilusionan, porque nadie se acerca a ellos para ver qué les pasa. Los alumnos deben saber que no compiten con nadie, sólo con ellos mismos. El autorritmo asegura que ningún estudiante pase a otra lección nueva hasta que las nociones anteriores hayan sido aprendidas a fondo y que cada uno se vea reforzado positivamente para aprenderlas (Fotoples, 2000).

Los estudiantes de Educación Primaria deben trabajar con objetos concretos y tangibles, antes de pasar a escribir en el encerado.

Debemos ayudarles a explorar sus actitudes y ansiedades a través de la discusión. Tanto los profesores como los estudiantes pueden dialogar sobre las experiencias positivas y negativas, pues enriquecen las clases y favorecen la confianza del alumno en el profesor. También es de gran ayuda hacer de los números algo real, experimentar con objetos, para entender las operaciones aritméticas.

Parte del rechazo que se crea hacia las Matemáticas es debido a que los alumnos se aburren en las clases. Se aburren por razones diversas (dificultad inherente a la asignatura, abstracción en determinados momentos que hace que no les vean aplicación directa, lenguaje específico, concepción social de que las Matemáticas son difíciles...), y a los aspectos metodológicos de la materia.

Prevenir los sentimientos de desprecio hacia las Matemáticas es potenciar los siguientes aspectos:

- Motivación. Los alumnos deben estar motivados, para que aborden con interés un aprendizaje. Esta materia tiene la ventaja de que nos rodea en nuestra vida diaria, por lo que no cuesta mucho trabajo conectar con aspectos de la vida cotidiana, que permiten motivarles para su trabajo en el aula.

- Manipulación. Con frecuencia las Matemáticas de nuestras escuelas se centran en la realización de cálculos, sin comprender el porqué de los algoritmos empleados (Suárez, 2011). La Matemática formal tiene que basarse en las experiencias de la vida cotidiana y en el lenguaje ordinario que tiende a acompañarlas. Está totalmente aceptado que aquello que se trabaja y maneja, se asimila y recuerda mucho más que lo que se lee o estudia. En la Didáctica de esta asignatura, se aboga por que el alumno "haga Matemáticas". Al crear, investigar y experimentar, adquieren, de un modo más fácil, un conocimiento mucho más intenso y duradero.

- Difusión de la cultura Matemática. Vivimos inmersos en un mundo en el que la Matemática está omnipresente y es una de las máximas expresiones de la inteligencia humana. Para que el alumno comprenda su importancia y necesidad, es interesante que se divulguen las relaciones de esta materia con otros aspectos de la vida. Así podremos encontrar Matemáticas en la poesía, en la pintura, en la arquitectura, en la música, en la prensa, en la fotografía, etc. Las Matemáticas son un elemento cultural que es necesario conocer y que, bien presentado, es apasionante.

Muchos autores señalan que los materiales y otros recursos pueden hacer que los alumnos, que se desaniman en las clases, se motiven y participen en las actividades que se les proponen. Incluso algunas veces, pueden interesarse por aprender más y por descubrir cosas nuevas. Estrada (2002) señala que los individuos se encuentran más inclinados de forma natural hacia aquellas actividades que requieren el uso de su propia creatividad y de sus recursos personales.

Los ordenadores constituyen un importante instrumento de apoyo, que completa la formación en educación Matemática, ya que puede mejorar la transmisión de conocimientos de los alumnos menos favorables con la materia, haciendo que cambien sus actitudes, mejoren la confianza en sus habilidades e incrementen la práctica de las Matemáticas (Auzmendi, 1992).

Autores como Smith, (2000) y Southgate (2009) proponen las siguientes actuaciones para prevenir la tensión que producen las Matemáticas en los alumnos:

• Eliminando la presión que produce hacer tareas en el encerado con límite de tiempo.

• Proporcionándoles experiencias positivas.

• Concentrándose en lo que puede hacer el estudiante.

- Dejando que sean enseñados por sus amigos.

• Creando una atmósfera positiva, en la que los alumnos se sientan seguros para hacer preguntas y asumir riesgos sin miedo a que se les critique.

• Usando ejemplos diversos y concretos.

• Proporcionándoles retos, pero con apoyo.

• Animándoles a hacer preguntas.

• Promoviendo la visión de que cometer errores es importante en el proceso de aprendizaje.

• Reconociendo que son posibles diferentes métodos e incluso diferentes preguntas.

Pero no podemos afirmar que todos los enfoques tradicionales causen siempre ansiedad Matemática y que las estrategias de aula, que incluyen el debate y la solución de problemas, no causen ansiedad. Las diferencias individuales existen. De acuerdo con Iossi (2007), mientras a algunos alumnos les gusta saber "por qué" y "cómo", otros están más interesados en la seguridad y en la estructura que en la responsabilidad y en la creatividad.

El estudio realizado por Norwood (1994) con estudiantes de Bachillerato que tenían alto nivel de ansiedad hacia las Matemáticas, descubre que estos alumnos se sienten más cómodos y aprenden mejor con un enfoque altamente estructurado, algorítmico, tradicional e "instrumental" (con énfasis en la memorización de reglas, fórmulas y computación mecánica), que con un enfoque menos estructurado y relacionado con la comprensión de conceptos (en el que las Matemáticas se presentan como un grupo de conceptos correspondidos y se insiste en la comprensión de principios fundamentales). Algunos estudiantes admitieron sentir presión y frustración en un enfoque relacional, porque estaban preocupados por llegar a la solución correcta. Un enfoque tradicional puede, por lo tanto, reducir la ansiedad en estudiantes de Bachillerato que presentan una falta de confianza en sus propias intuiciones (Gal, 2002). Algunos de nuestros alumnos usan métodos creativos para resolver problemas matemáticos y no pueden explicar qué han hecho.

Ahora bien, llegar a la solución correcta no es lo más importante. Tanto los estudiantes como los profesores pueden ver caminos alternativos para llegar a las soluciones. Y no siempre es necesario que los alumnos justifiquen sus soluciones matemáticamente. Siendo flexibles respecto a aceptar cómo los alumnos resuelven y expresan sus soluciones, los profesores pueden incrementar la participación y la cooperación, reducir el estrés y crear actitudes positivas. Consecuentemente, los estudiantes desarrollarán confianza en su pensamiento y confiarán en otros, para que los ayuden.

Haciéndose eco también de la consideración del estudiante de Matemáticas como de un constructor de conocimiento, Kazelskis (2000) indica que cuando un estudiante comete un error al pensar, aparece una oportunidad única. Sus errores son pasos necesarios para la reconstrucción de ideas con un nivel mayor de entendimiento. Si los profesores les niegan el derecho a equivocarse, estarán dañando la complejidad y la interrelación de las ideas Matemáticas.

Cuando los profesores se detienen en el cómo y el por qué son resueltos los problemas, los estudiantes pueden convertirse en personas menos aprensivas respecto a cometer errores. Si los profesores les piden a los estudiantes que expliquen lo que piensan cuando resuelven los problemas, les están ayudando a crear un ambiente de aprendizaje positivo, a entender que entrenarse con problemas de Matemáticas es un ciclo del desarrollo del pensamiento, una prueba y evaluación de una teoría o la solución a un problema o situación. Aprenden que hay muchas maneras de pensar acerca de cómo encontrar la misma solución.

Ayudar a los estudiantes a aprender, a razonar y a verbalizar su pensamiento matemático les convence de que lo que piensan es importante.

Para muchas personas, las Matemáticas siempre han sido y serán el ogro de la educación. En el libro "El diablo de los números", el ensayista alemán Enzensberger (1997) trata de desmitificar al monstruo. Con forma de cuento, el autor acerca al lector sin complejos al mundo de los números, para que pase de odioso a fascinante. Seguramente, ésa es la única forma de enfrentarse con ellos: aprender disfrutando es la clave del desarrollo de las capacidades y de las habilidades del alumno.

Hay que conseguir que los alumnos disfruten con esta asignatura. Y esto se consigue cuando el profesor es, además, un auténtico pedagogo. En general, esta materia presenta malos resultados entre los alumnos. Muchos estudiantes no entienden la asignatura, porque su lenguaje no tiene referentes directos, no comprenden su terminología, se trata de conceptos abstractos. Sin embargo, cuando comienzan a entenderlas, empiezan a gustarles y hasta a fascinarles.

La mayoría de los alumnos se enfrentan a las Matemáticas como al resto de las asignaturas, memorizando, pero éste no es un buen sistema. Como dice el protagonista del libro de Enzensberger (1997) la memoria puede ser muy útil, si uno se queda sin pilas, ¡pero las Matemáticas son muy diferentes! No se trata de memorizar, sino de comprender.

No se han descubierto curas milagrosas. Una vez que se diagnostica la enfermedad, recuperarse de ella es muy difícil. La mejor cura para la ansiedad hacia las Matemáticas es prevenirla antes de que ocurra, o actualizar un viejo punto de vista que dice que "28'3495 gramos de prevención en la escuela Primaria son mejores que 45359 kilogramos de cura en la escuela Secundaria o clases de refuerzo en el Bachillerato (Hopko y al, 2003).

También necesitamos reflexionar sobre la ansiedad que producen los exámenes. ¿Qué alternativas de evaluación pueden usar los profesores? Como dice Marshall (2000), enseñar a los alumnos a evaluarse sería una aproximación óptima al aprendizaje.

Los alumnos de Educación Secundaria tienen miedo a las Matemáticas, sobre todo cuando tienen que hacer exámenes o cuando se les pregunta la lección. Los exámenes producen ansiedad, porque se juegan mucho al hacerlos. De ellos depende su nota.

Lo que debemos hacer los profesores es valorar más el trabajo diario, los procedimientos, el interés demostrado por la asignatura y no sólo el resultado final de un examen. Además, se debe dar importancia a los procesos, no sólo a la solución final de los problemas, porque a menudo creamos la ansiedad con nuestra forma de evaluar.

Con una serie de metas claras desarrolladas por el profesor y los alumnos, los estudiantes compiten solo con ellos mismos. Los escolares deben estudiar el contenido hasta aprenderlo. Si además los profesores usan un ensayo de evaluación antes de la prueba final, esto aliviaría la ansiedad a los exámenes. Esta tranquilidad haría que los estudiantes tuvieran una idea razonable de qué se espera de ellos y de cómo ellos pueden alcanzar un nivel superior.

La evaluación es más que un "examen" realizado al final de un capítulo; incluye diálogos entre el profesor y los estudiantes, a fin de evaluar el pensamiento de éstos. Los profesores pueden usar una variedad de técnicas:

• Hacer preguntas orales.
• Observar a los alumnos trabajando con modelos.
• Hacer demostraciones.
• Usar procedimientos.

Además, la evaluación debe ser considerada una parte integrante de la enseñanza, debe ser consecuente con el currículo y tendría que ayudar a los profesores a decidir si la tarea o la actividad tiene significado para los estudiantes.

Algunas veces la evaluación debe ser informal. Los profesores pueden escuchar a los estudiantes en respuestas y discusiones orales o durante actividades de grupo. Estas evaluaciones informales ayudarán a los profesores a ajustar la enseñanza para adaptarla a las necesidades de los alumnos. Durante la evaluación, los profesores envían mensajes a sus alumnos acerca de los aspectos del aprendizaje matemático, que ellos consideran más importantes.

Aunque los sentimientos sobre la ansiedad hacia las Matemáticas comiencen a apreciarse, el profesor no debe bajar el nivel de exigencia en su clase. Los estudiantes saben cuándo han interiorizado las tareas significativas. Aminorar las expectativas, sólo convence a los estudiantes de que no tienen acceso a aprender Matemáticas.

Los educadores deben asumir la responsabilidad de crear un ambiente educativo apropiado para motivar a los estudiantes a evaluar su propio aprendizaje y aceptar la responsabilidad de aprender. Cuando los estudiantes son responsables de su pensamiento, pueden aprender a iniciar sus propias preguntas y problemas para convertirse en poderosos expertos en resolver problemas matemáticos (Murillo Torrecilla y Hernández Castilla, 2011).

Los experimentos de Truttschel, (2002) son un ejemplo de cómo la enseñanza explícita y la práctica de normas de comportamiento aceptables, como la argumentación, la persistencia en la solución de problemas y la buena disposición para solucionarlos, pueden dar como resultado: la satisfacción del alumno, la diversión, el entusiasmo y el que los alumnos se vean a sí mismos como estudiantes autónomos. Sugiere que el impacto del conocimiento de los factores afectivos en la enseñanza es más verosímil, si el afecto puede estar integrado en los estudios cognitivos de enseñanza y aprendizaje.

Es necesaria la formación inicial y permanente de los profesores. Decía Bertrand Russell (1985), con énfasis de protesta, que cuando nuestros niños aprenden mal, sin gracia, cosas acerca de las clases, están recibiendo lo que queda, al paso del tiempo y bajo la apisonadora de la vulgaridad, del brillante esfuerzo intelectual de unos hombres.

En esta línea, es fundamental que se formen buenos equipos de investigación en Educación Matemática que ayuden a resolver problemas que se presentan en el camino para una enseñanza matemática más eficaz. Y dar respuestas innovadoras a las demandas que surgen: sociales, culturales, económicas, políticas e institucionales. La globalización, la sociedad del conocimiento, el desarrollo de las tecnologías de la información y la comunicación, la multiculturalidad y la tendencia a la homogenización, la nueva orden económica, la sociedad en continuo cambio, entre otros aspectos, exigen la formación de profesionales de la Educación que den soluciones válidas a los nuevos escenarios sociales.

Finalmente nos vamos a detener en las prescripciones de Riviére (1983), adaptadas por Marchesi, Coll y Palacios (1990), tituladas "Los mandamientos del profesor".

1. Vincularás, en lo posible, los contenidos matemáticos a los propósitos e intenciones humanas y situaciones significativas.

2. Tratarás de contextualizar los esquemas matemáticos, subiendo los peldaños de la escala de abstracción al ritmo exigido por el alumno.

3. Te preocuparás de asegurar la asimilación de lo viejo, antes de pasar a lo nuevo. Y de adiestrar específicamente la generalización de los procedimientos y contenidos.

4. Asegurarás el dominio y enriquecimiento de los códigos de representación, asegurando que la traducción entre el lenguaje verbal y los códigos matemáticos puede realizarse con soltura, para lo que deberás ejercitarla.

5. Te servirás de la atención exploratoria del niño como recurso educativo, y asegurarás su atención selectiva sólo en periodos en que ésta puede ser mantenida.

6. Le enseñarás paso a paso, a planear el uso y selección de sus recursos cognitivos.

7. Deberás asegurarte de que el niño puede recordar los aspectos relevantes de una tarea o problema, y procurarás comprobar que no exiges más de lo que permite la competencia lógica del alumno (que deberás ir comprobando, siempre que sea posible).

8. Enseñarás paso a paso las estrategias y algoritmos específicos que exigen las tareas.

9. Procurarás al niño tareas de orientación adecuada, procedimientos de análisis profundo y ocasiones frecuentes de aprendizaje incidental.

10. Y, para colmo, deberás valorar y motivar también a los niños que no parezcan interesados o competentes.

Puesto que la ansiedad hacia las Matemáticas constituye un problema importante en el proceso de enseñanza-aprendizaje de esta materia, las investigaciones realizadas al respecto, no se han limitado a un análisis descriptivo de este factor, sino que afortunadamente, han tratado de ir más allá presentando formas de resolución del problema (Kazelskis, 2000; González Ordi y Tobal, 2001; Onwuegbuzie, 2003; Carrell, Page y West, 2009; Carroll, 2010). Y, si bien la falta de conocimientos y habilidades cognitivas son factores que explican, en parte, el fracaso académico, no menos importante es la ausencia de motivación, interés y afectos positivos (Marchesi y Hernández, 2003).En este sentido la detección será el primer paso para contrarrestar su influencia negativa

Las investigaciones demuestran que la ansiedad se puede identificar, para ser tratada o extinguida (Vinson, 2001; Ashcrafty Krause, 2007; Estrada, Batanero y Fortuna, 2003; Bazán y Aparicio, 2006; Frenzel, Pekrun, y Goetz, 2007; Muñoz, Mato y de la Torre, 2007; Swars, Daane, y Giesen, 2010; Mato, Espiñeira y Chao, 2014).

Ahora bien, para disminuir la ansiedad, la escuela debe hacer modificaciones en los siguientes planos: estrategias de enseñanza, currículo, actitudes del maestro, evaluación y cultura escolar (Southgate, 2009).

Las pautas más simples consisten en trabajo en equipos, discusión en torno a los procedimientos de resolución de un problema, enunciados cercanos a la vida real del estudiante, nuevas actividades Matemáticas abiertas, aprendizaje colaborativo a partir del ordenador, diarios,…(Bai y al., 2009).

Los tratamientos aumentan la competencia en Matemáticas y aconsejan, en algunos casos, ciertas técnicas, como la ayuda del profesor particular, una instrucción más lenta, un feedback corregido, juegos didácticos, enseñanza en pequeño grupo, refuerzo, trabajo extra y ejercicios, educación programada, conocimientos ayudados por ordenador y otras actividades.

Entre las estrategias de intervención, la que más se usa para superar la ansiedad es el tratamiento de feedback. Parece que muchos profesores prefieren usar el escrito en vez de otros aparatos o instrumentos (Hannula, 2002). Este método tiene una poderosa influencia en el componente cognitivo del cuestionario de ansiedad, y la función correctiva es probablemente la dimensión más importante del feedback (Hembree, 1990).

Hembree (1990) intenta varios métodos para reducir la ansiedad a través de la enseñanza en el aula, y apoya la técnica de la Desensibilización Sistemática. Una técnica que incluye la exposición a actividades Matemáticas progresivamente más estresantes, mientras uno se relaja. Combina la relajación muscular con ejercicios mentales. El estudiante aprende y practica relajando los músculos, y después se imagina escenas previas de situaciones incómodas (Cardenal y Díaz, 2000). Este proceso lleva al estudiante, paso a paso, por toda una jerarquía de experiencias de miedo. La tensión muscular se traduce en la mente en mensajes de fracaso, como "no puedo hacerlo" o "pensarán que soy estúpido". Esto le ayuda a contrarrestar las incomodidades psicológicas previas, o por lo menos, a ser conscientes de la tensión y minimiza la distracción ante la tarea que tiene delante.

Por su parte, Chiu y Henry, (1990) también utilizan en sus prácticas un programa de Desensibilización Sistemática. Se trata de un conjunto de seis cintas de audio y un cuadernillo. Una cara de la cinta, que dura 30 minutos, proporciona instrucción y práctica para la relajación muscular. La segunda cara de la cinta conduce a los alumnos a través de escenas relacionadas con las Matemáticas. Se les pide que se imaginen a sí mismos en esas escenas, mientras están en estado de relajación. Se les guía cuidadosamente, mediante la voz y la imaginación personal, a través de una progresión de escenas que otros estudiantes e investigaciones indicaron como ansiosas. Las escenas fueron escogidas y escritas por los investigadores y van desde matricularse en una clase de Matemáticas, hasta hacer un examen de esta materia. Deben escuchar la parte de entrenamiento, al menos una vez, y la de jerarquía de escenas, cinco veces. Además deben practicar los ejercicios de relajación muscular dos veces al día. Este programa, al ser autoadministrado por los alumnos, tiene la ventaja de que puede ser usado en su domicilio durante el tiempo necesario.

Así mismo, Ashcraft (2002) realiza una investigación con estudiantes que presentan una clara conducta de evitación, tanto a los exámenes como a las clases de Psicología Matemática. Utiliza un diseño intergrupo con pretest y postest. La variable independiente fue el tipo de tratamiento psicológico administrado a los sujetos, con tres valores:

Desensibilización sistemática: Análisis funcional, relajación progresiva, identificación de sucesos antecedentes y desensibilización sistemática propiamente dicha.

Inoculación de Estrés: Análisis funcional, relajación progresiva, identificación de sucesos antecedentes, pensamientos y verbalizaciones asociados, modelado simbólico (coping) de habilidades conductuales y cognitivas, autoinstrucciones y auto-refuerzo.

Terapia Inespecífica: Entrevistas no centradas en el problema (ansiedad Matemática), orientación intrapsíquica no directiva, relajación progresiva, aplicación del cuestionario biográfico y realización de tareas placebo. El objetivo de la investigación fue desarrollar procedimientos de modificación de la conducta que ayudasen a los estudiantes a enfrentarse con las Matemáticas.

La eficacia de la Desensibilización Sistemática para reducir la ansiedad se ha visto repetidamente confirmada, tanto en su versión tradicional, como al usarse como técnica de coping (Brown y Gray, 1992), controlada por indicios y con procedimientos estándar automatizados (Hofflich y al., 2006) o suministrada por terapeutas expertos. Sin embargo, según la revisión de Onwuegbuzie, (2003), la Desensibilización Sistemática no ha logrado producir diferencias en medidas de ejecución (rendimiento en los exámenes) entre los grupos experimentales y de control.

Tras el uso de procedimientos terapéuticos específicos, como Desensibilización Sistemática, Exposición Masiva y Manejo de la Ansiedad, e intervenciones conductuales multimodales, se ha observado que los sujetos experimentan reducciones de ansiedad significativas al ser medida con la escala MARS (Richarson y Suinn, 1973).

Por su parte, Simons (2011) subraya que un breve procedimiento de Inoculación de Estrés específico al examen, reduce los niveles de ansiedad. Y Smith (2000) expone que la Desensibilización Sistemática y el Tratamiento Cognitivo basado en verbalizaciones relevantes, unido a la relajación, reducen la ansiedad a los exámenes, aproximadamente en la misma medida. De hecho, las teorías cognitivas subrayan la importancia de la autopreocupación, autoeficacia percibida y factores atencionales en la medida de la ansiedad.

También consideramos que los niveles de ansiedad se pueden reducir, por ejemplo formulando preguntas para las que no hay respuestas incorrectas, organizando los asientos de manera que el alumno pueda ver a sus compañeros mientras discuten, intercambiando ideas con un compañero antes de compartirlas con toda la clase, teniendo oportunidades suficientes para pensar y reflexionar antes de la discusión y animando a los alumnos para que busquen las aclaraciones cuando no entienden una pregunta.

Otros investigadores como Woodard, (2004), resaltan que inculcar auto-órdenes para enfrentarse a las Matemáticas en niños con pocas capacidades de aprendizaje puede reducir la ansiedad, porque pueden aprender a enfrentarse a sus miedos por medio de una estrategia de modificación de su comportamiento cognitivo, llamada auto-regulación, auto-conversación o auto-diálogo, durante la cual se les enseña a reconocer y a reemplazar los pensamientos negativos por auto-reforzamientos.

Asimismo, la ansiedad se puede originar por el afán de aprobar. Si los alumnos, cuando van a clase, forman una disposición receptiva y están preparados para aprender, sin preocuparse de los exámenes, entonces se reduce la ansiedad. Convencido de esta teoría, les ofrece a los alumnos la posibilidad de firmar un "Contrato Opcional", por el que se comprometen a ir a clase todos los días, no olvidarse el libro de texto y la libreta, ayudar a los compañeros, hacer los ejercicios y corregirlos. En el contrato se estipula que, si lo hacen así, estarán aprobados. Tiene varias charlas con los alumnos en las horas de tutoría, de manera que crece la confianza entre el profesor y los estudiantes. Estos se sienten menos presionados al saber que están aprobados, se relajan y disminuye la ansiedad. Los alumnos sienten que disfrutan en la clase de Matemáticas (Woodard, 2004).

Otros métodos, que pueden facilitar la discusión son las autobiografías Matemáticas y que cada uno hable de ellas (Kazelskis y Reeves, 2002), donde describen sus bases Matemáticas personales, comenzando con experiencias en su propia familia. Esto conlleva estados positivos y negativos, porque se describen situaciones que tienen que ver con las Matemáticas. Decir algo negativo sería, "No puedo conseguirlo, nunca he sido bueno en Matemáticas" (Wilkinson y Birmingham, 2003). Y en positivo: "No sé cómo hacer esto en este momento, pero encontraré la manera". Los estudiantes, de esta forma, están motivados para reemplazar comentarios negativos por positivos.

Lo primero sería traer esas actitudes negativas a la luz. Ayudar a los estudiantes a explorar sus actitudes y sus ansiedades acerca de las Matemáticas (a través de la discusión), puede ayudarlos a descubrir dónde comenzaron sus ansiedades. Si los profesores cuidan los sentimientos de sus alumnos, los atraerán hacia el aprendizaje de las Matemáticas. Lo mágico de esto está en que un mayor tiempo de empatía ayudará a un aprendizaje adicional en Matemáticas.

Escribir artículos en periódicos matemáticos es una manera excelente de ayudar a los estudiantes a traer a la luz sus actitudes y sentimientos, porque pueden reflejar sus experiencias sobre lo que han aprendido, si se sintieron motivados y si tuvieron éxito. Pueden responder preguntas específicas, tales como: ¿qué crees que fue lo que más aprendiste? Cuando no entiendo cómo resolver un problema, me siento... ¿Cuál fue hoy tu mayor reto en la clase de Matemáticas?

Los profesores deben valorar el pensamiento del estudiante, respetar su marco de referencia y escuchar sus dudas, pues se creará una atmósfera en la que sientan deseos de arriesgarse, de hacer preguntas y de justificar sus respuestas (Yamamota, Yasuko y Joanne, 2002).

Arriesgarse en la resolución de problemas matemáticos es difícil para los estudiantes, especialmente aquellos que tienen ansiedad hacia las Matemáticas, ya que no entienden lo que se dice, o creen que hacen el ridículo por hacer una pregunta "estúpida."

También pasa con la resolución de problemas. Hay alumnos que no tienen procedimientos para resolverlos, incluso problemas de poca complejidad; serán capaces de hacer cálculos sencillos o hacer ejercicios pero no deducciones más amplias.

Guerrero, Blanco y Castro (2001), desenvuelven un programa de intervención, cuya finalidad es que el alumno afronte situaciones ansiógenas ante las Matemáticas. La duración es de un mes y medio y se estructura en diez sesiones. El grupo de trabajo está compuesto por 10-15 alumnos y las sesiones tienen una duración de una hora. El programa enseña a resolver problemas, entrena los procesos cognitivos implicados y adiestra al alumno a afrontar situaciones generadoras de ansiedad, a relajarse fisiológicamente y a manejar sus emociones.

El modelo de resolución de problemas consta de cuatro fases: analizar y comprender el problema, buscar estrategias de solución, llevar a cabo el plan, y la revisión de la solución y del proceso.

Con ello se pretende ayudarles a descubrir su propio estilo, sus capacidades y sus limitaciones, pero diseñando actividades que favorezcan hábitos de resolución.

El modelo de inoculación de estrés ayuda a relajar la tensión, la activación fisiológica, a sustituir pensamientos, creencias y actitudes negativas por pensamientos funcionales.

Las fases de las que consta son las siguientes: entrenamiento en relajación y control de la respiración, reestructuración cognitiva, la resolución del problema y entrenamiento en autoinstrucciones.

Estos investigadores creen que la autoeficacia y el autoconcepto dependen de la percepción de control que el alumno tenga de él mismo y de la situación, de las expectativas previas a la exposición de la tarea Matemática, de la historia de éxito/fracaso y de las atribuciones que realiza acerca de ésta.

La intervención es entendida como apoyo al profesorado de Matemáticas, basada en la creencia de que puede influir en las atribuciones de sus alumnos, a través de su comportamiento y de su actitud.

Hay estudiantes, que se avergüenzan de compartir sus conocimientos matemáticos con toda la clase, pero que pueden, sin embargo, tener éxito en trabajos de equipo. En grupos pequeños, los estudiantes que tienen ansiedad se atreven a compartir más y a comunicar mejor sus pensamientos en las discusiones. Además, al trabajar en grupos de tres o cuatro miembros, también se reduce la ansiedad, porque los estudiantes no tienen ellos solos la responsabilidad de hallar la respuesta o de completar la actividad.

La enseñanza debe proporcionar oportunidades a los estudiantes para pensar las maneras en las que las ideas Matemáticas se pueden representar y pueden ser apropiadas para cada alumno (Ferrari y Scher, 2002). Esto significa que los problemas, los conceptos o los procedimientos aprendidos, deben tener un significado para cada estudiante. Y para que encuentren significado, aúnan la tarea, y deben tener la capacidad de hacer uso de los conocimientos que poseen. La enseñanza debe estar organizada. Así los estudiantes pueden construir activamente su propia manera de entender y su propio conocimiento.

Zakaria y Nordin (2008) afirman que los profesores pueden desempeñar un papel activo en la reducción de la ansiedad y pueden facilitar el aprendizaje y la diversión con las Matemáticas si:

- Discuten estrategias específicas para remediar la ansiedad y utilizan las que han empleado para su éxito en Matemáticas.

- Son conscientes de proyectar en los alumnos sus propios intereses y gustos respecto a las Matemáticas.

- Ofrecen refuerzo y tiempos adicionales para los estudiantes que sufren ansiedad y necesitan ayuda.

- Tienen como norma el respetar a todos los alumnos. De este modo el ambiente dentro de clase es psicológicamente seguro para todos los estudiantes.

- Ofrecen tutorías individualizadas para aquellos estudiantes que tienen muchas preguntas y que no pueden ser contestadas durante la clase.

- Hacen revisiones suplementarias, tanto orales como escritas, de terminología y de procesos matemáticos, buscando una buena evaluación.

- Buscan el consejo de otros profesores, cuando sienten que se obcecan en algunas clases.

- Ofrecen modos alternativos para los exámenes. Así los estudiantes pueden obtener apoyo individual de sus profesores y reducir sus propios niveles de ansiedad.

- Motivan mostrando actitudes positivas que conducen a los alumnos a tener éxito con las Matemáticas.

No olvidemos que la mayoría de los estudiantes de Matemáticas tratan de esconder sus temores. Si tienen alguna duda, prefieren permanecer en silencio a que todos sepan de su ignorancia. El profesor puede cambiar esta actitud, motivando a los estudiantes a hacer preguntas. Con esto deberían asumir que sus dudas demuestran un entendimiento parcial, más que una total ignorancia (Yin, 2011).

La pregunta de un estudiante nunca debe ser ridiculizada (Yazici, y Ertekin, 2010). Cuando un alumno formula una pregunta, el profesor debe darle la oportunidad de explicarse primero, lo que hace que el profesor reafirme el contexto en el cual aparece la duda, y a los estudiantes les da la satisfacción de ser conscientes de que saben algo. Esta aproximación los prepara para que puedan observar sus propios errores (Woodard, 2004).

Muchos alumnos creen que ellos son los únicos que tienen miedo a las Matemáticas. Cuando conocen a otras personas, que están en el mismo caso que ellos, y cuentan sus experiencias pasadas, sienten que han encontrado a alguien que tiene sus mismos sentimientos y, superadas las tensiones, pueden empezar a trabajar en Matemáticas, pero no antes de superar los miedos.

Frecuentemente, a pesar de la motivación del profesor, los estudiantes se enfrentan a sus dificultades transformando las dudas en preguntas. Para solucionar esto, se le puede pedir a cada estudiante que plantee a un compañero una pregunta sobre un contenido específico y que responda, a su vez, a la pregunta de un tercer estudiante.

De esta manera, cada estudiante responde una pregunta, hace otra pregunta y revisa el contenido. Con esto saben cuáles son los pasos necesarios para formular una buena cuestión. Se les pide que analicen de manera crítica las interrogaciones del profesor, cuál les gusta más y por qué (Kazelskis, 2000).

Cuando los estudiantes carecen de conceptos claros, los profesores necesitan crear otras posibilidades de aprendizaje para proveerles de una ayuda extra.

La tutoría periódica puede ayudar a reforzar los conceptos por parte del tutor y puede hacer que el alumno comprenda mejor, ya que obtiene una explicación añadida y se acerca a los conceptos de una manera individualizada.

También se puede motivar a los estudiantes para que trabajen en grupos. Como miembros de un equipo, experimentan menos retos en su ego y son capaces de llegar más rápidamente a formular preguntas y a hacer sugerencias. Además así conocen que hay otros compañeros que comparten las mismas aprehensiones y también tienen diferentes visiones del problema (Pianta, y Stuhlman, 2004).

Los estudios para mejorar las actitudes hacia las Matemáticas y, concretamente, corregir la ansiedad, pueden encuadrarse en tres vías generales de solución. La diferencia radica en el sujeto que ha de llevar a cabo la resolución del conflicto. Este puede ser el propio alumno afectado, el método de enseñanza o ambos conjuntamente.

Figura 21. Vías generales de solución para mejorar las actitudes.

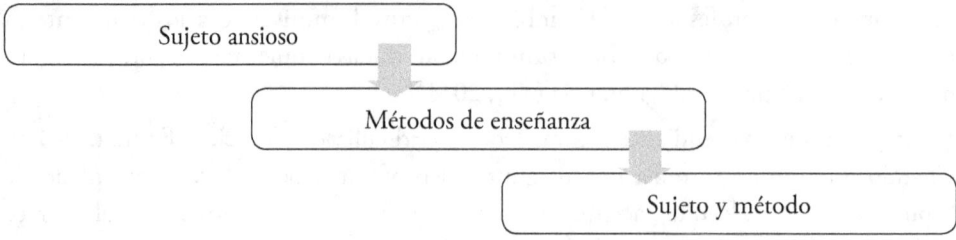

a. Sujeto ansioso.

A mediados de los 70, Sheila Tobías forma un equipo de consejeros e instructores matemáticos y crea una Clínica de Ansiedad Matemática, con el fin de reducir la ansiedad en los estudiantes. Utiliza varias técnicas, donde enseña que el estudiante afectado por elevados niveles de ansiedad hacia las Matemáticas puede llegar a reducir este estado mediante una serie de estrategias básicas (Tobías, 1993).

Éstas estrategias son las siguientes:

1. Pensamiento Activo. Pensar de forma Matemática. Si la ansiedad ha bloqueado la capacidad de razonamiento, un paso importante es conseguir que el pensamiento siga funcionando.

2. Auto-Control. Es la técnica más importante para reducir la ansiedad hacia las Matemáticas. Lo primero que hay que hacer es identificar el momento de aparición del estrés. A continuación distinguir el bloqueo del sistema de pensamiento y, por último, conseguir eliminar dicho bloqueo para que el razonamiento continúe funcionando.

Uno de los modos de conseguir tal autocontrol ante un trabajo determinado sería el siguiente. Dibujar una línea que atraviese una hoja de papel. En uno de los lados colocar los pensamientos y sentimientos y en el otro el trabajo.

El proceso podría ser así: Ésta es justo la clase de problemas que nunca podré resolver. ¿A que es debido que este problema me resulte tan difícil y cómo puedo hacerlo más fácil?".

3. Darte permiso a ti mismo. Al dividir la página en dos partes, el alumno se está dando permiso a sí mismo para explorar su confusión, para comprender qué es lo que hace que ese problema sea tan difícil para él.

4. Auto-Dominio. Al escribir sus sentimientos y pensamientos, el alumno deja de estar totalmente bloqueado o paralizado, y además, le permite conocer sus propios problemas cuando aprende Matemáticas.

Figura 22. Estrategias básicas del sujeto ansioso.

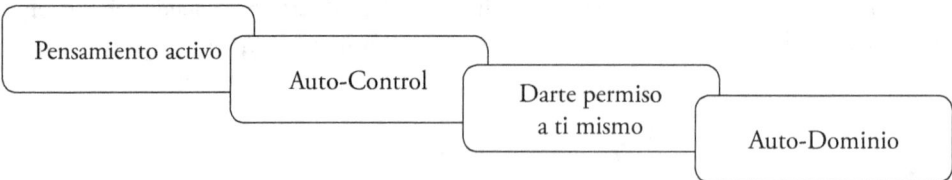

Si bien puede parecer excesivo este planteamiento, quizás no lo sea tanto el tomar conciencia de la necesidad de detectar en los estudiantes umbrales altos de estrés y dotarles de la medida necesaria para reducirlos.

b. Métodos de enseñanza.

Los objetivos que todo método de enseñanza de las Matemáticas debería conseguir, serían: que todo alumno (Perrenoud, 2000) fuera capaz de resolver problemas de Matemáticas, comunicarse, razonar, valorar y confiar en su propia capacidad en esta materia.

Planas (2001) aplica dos métodos diferentes de enseñanza, uno basado en el descubrimiento por parte de los educandos y el otro en la exposición hecha por el profesor. El objetivo es observar cuál de los dos es el más efectivo para alumnos dominados por niveles altos de estrés, y cuál lo es para los no ansiosos. Tras el análisis de los datos obtenidos en una muestra compuesta por 81 estudiantes universitarios, encuentra que existe una asociación importante entre el método de instrucción y el nivel de ansiedad. Los estudiantes con elevados índices de estrés se benefician más de las aproximaciones de tipo expositivo, mientras que los alumnos sin este problema suelen sacar más partido del descubrimiento por sí mismo. La explicación a este fenómeno puede encontrarse en el nivel de confianza. Los estudiantes con ansiedad hacia las Matemáticas suelen manifestar una menor confianza en su propia habilidad, por lo cual prefieren que su enseñanza sea seriada. Por el contrario, los alumnos con alta confianza suelen ser menos ansiosos, interactúan mejor con el profesor y pueden seguir un método de descubrimiento.

Puteh (2002) utiliza un método de enseñanza de la estadística no cuantitativo, basado en el aprendizaje mediante el análisis de artículos de revistas. Hace hincapié en la comprensión de la racionalidad y la aplicación de las técnicas, y no tanto en el cálculo o las fórmulas. Recurre para su estudio, a una muestra de 1150 estudiantes y observa, tras el experimento, que se produce una disminución del nivel de ansiedad.

Estos estudios constituyen una muestra de cómo el método de enseñanza utilizado puede mejorar el nivel de ansiedad en los estudiantes. Muchas veces el origen del problema se encuentra, simplemente, en la forma de transmisión de los conocimientos o en la falta de adecuación de los mismos a las características de los alumnos. Tratar de mejorar el método, hacerlo acorde a las características y necesidades de los alumnos, puede ser una vía importante para solucionar el problema.

c. Sujeto y método.

Bower (2001) evalúa un método de intervención que consiste en la acción conjunta del consejo personal y la aplicación de modos de enseñanza adecuada. Utiliza una muestra compuesta, inicialmente, por 69 mujeres con ansiedad hacia las Matemáticas y las divide en tres grupos, según el tratamiento que reciben: sólo diagnóstico clínico, sólo curso, o curso y terapia grupal.

En un primer momento analiza su nivel de ansiedad, a través de los datos obtenidos por medio de la escala MARS, de Richardson y Suinn y, tras el tratamiento, vuelve a recoger los nuevos datos. La conclusión conjunta del consejo personal señala que si el método de enseñanza es adecuado, y la intervención consciente y planeada, el efecto que ejerce es positivo para reducir el nivel de ansiedad hacia las Matemáticas. Es tarea de los profesionales tomar conciencia de la necesidad de detectar en los estudiantes cuándo se alcanzan umbrales altos de ansiedad y dotarles de las medidas necesarias para reducir ese miedo y esa angustia. Muchos profesores opinan que los resultados de las Matemáticas son bajos, no es la asignatura preferida, y los alumnos no se sienten motivados, ni desarrollan la creatividad. La causa es que siendo una asignatura que enseña a pensar y a razonar, se obliga a estudiar sin aliciente para los estudiantes, sin descubrir su valor, con fórmulas que no manifiestan su verdadero mérito.

Para terminar queremos mostrar la "Carta de derechos de un estudiante de Matemáticas" tomada de "Overcoming Math Anxiety" por Sheila Tobias (1993), y traducido por Luz M. Rivera Vega, para ayudar a los alumnos a articular conceptos típicos acerca de las Matemáticas.

a. Tengo el derecho de aprender a mi propio ritmo y no sentirme mal o estúpido si soy más lento que otra persona.

b. Tengo el derecho a preguntar cuando tengo dudas.

c. Tengo el derecho a necesitar ayuda adicional.

d. Tengo el derecho a pedir ayuda al maestro y al tutor de Matemáticas.

e. Tengo el derecho a no entender.

f. Tengo el derecho a sentirme bien acerca de mí mismo, sin considerar mis habilidades Matemáticas.

g. Tengo el derecho de no basar mi valor propio en mis habilidades Matemáticas.

h. Tengo el derecho a considerarme capaz de aprender Matemáticas.

i. Tengo el derecho de evaluar a mis instructores de Matemáticas y su modo de enseñar.

j. Tengo el derecho a relajarme.

k. Tengo el derecho a ser tratado como un adulto competente.

l. Tengo el derecho a que no me gusten las Matemáticas.

ll. Tengo el derecho a definir el éxito en mis propios términos.

MEDICIÓN DE LAS ACTITUDES Y DE LA ANSIEDAD HACIA LAS MATEMÁTICAS.

El rendimiento académico, los altos índices de suspensos, las elevadas tasas de abandono en la Educación Obligatoria y Superior han preocupado a profesores de diferentes niveles educativos y a los mismos alumnos (Ferrari y Scher, 2002; Scher y Osterman, 2002; Onwuegbuzie, 2004; Van Eerde, 2003). También son muchos los estudios que demuestran la influencia que ejercen los afectos en la enseñanza aprendizaje de las Matemáticas (Gresham, 2010; Ertekin, 2010; Bursal y Paznokas, 2006; Gleason, 2007; Mato et, al., 2013). Sin embargo, hay docentes que desconocen qué son las actitudes y su peso en el rendimiento de los alumnos (Auzmendi, 1992), así como la ansiedad, sus causas o cómo prevenirlas antes de que aparezcan. En consecuencia no toman en consideración este aspecto (Op't Eynde y De Corte, 2003). Y además, carecen de instrumentos para evaluar con cierta objetividad las variables mencionadas. Por lo tanto en este apartado ofrecemos algunas de las herramientas más utilizadas en la medición de las actitudes y la ansiedad hacia las Matemáticas: los cuestionarios. Son instrumentos formados por una serie de ítems o frases seleccionadas cuidadosamente, de forma que constituyan un criterio válido, fiable y preciso.

Ya en 1958, Fedon realiza la siguiente consideración: "las actitudes juegan un papel importante en el éxito en los programas de aritmética. Si creemos que son un criterio válido para evaluar la efectividad de nuestro programa, entonces la aplicación de estas escalas nos dará una mejor oportunidad de estudiar las reacciones de los alumnos en función de su experiencia aritmética diaria" (p. 310).

En consonancia con lo que venimos diciendo hemos seleccionado diversas escalas para medir las actitudes y la ansiedad hacia las Matemáticas (Tablas 1 y 2), así como los autores, número de ítems e índice de fiabilidad.

Tabla 1: Escalas de actitudes hacia las Matemáticas

AUTOR	Medidas de las actitudes	Items	α
Aiken y Dreger (1961)	Escala de Actitudes hacia las Matemáticas de Aiken - Dreger	20	.85 / .95
Sandman (1980)	Inventario de Actitudes hacia las Matemáticas de Sandman	28	.69 / .89
Michaels y Forsyth (1977)	Cuestionario de Actitudes hacia las Matemáticas de Michaels	44	.51 / .78
Fennema y Sherman (1976)	Escala de Actitudes hacia las Matemáticas de Fennema y Sherman	108	.89
Roberts y Bilderback (1980)	Inventario de Actitudes hacia la Estadística de Roberts	33	.93 / .95
Wise (1985)	Actitudes hacia la Estadística de Wise	29	.90 / .92
McConghy (1985, 1987)	Escalas de Actitudes hacia las Matemáticas de McConeghy	14	.79

AUTOR	Medidas de las Actitudes	Items	α
Auzmendi (1991)	Escala de Actitudes hacia la Estadística y hacia las Matemáticas de Auzmendi	25	.87 / .92
Arlandis y Miranda (1992)	Encuesta de Actitudes sobre resolución de problemas	20	.96
Carbonero, Martín y Arraz (1998)	Repromase	84	.85
Estrada (2002)	Escala de Actitudes hacia la Estadística	22	.83
Tapia y Marsh (2004)	Attitudes Toward Mathematics Inventory	40	.95 / .89 .89 / .88
Arrebola y Lara (2010)	Cuestionario de Actitudes hacia las Matemáticas para alumnos de ESO	37	.92
Estrada, Bazán y Aparicio (2013)	Escala de Actitudes hacia la Estadística para profesores	22	.83

Tabla 2: Escalas de ansiedad hacia las Matemáticas

AUTOR	Medidas de la Ansiedad	Ítems	α
Cole y Oetting (1968)	Escala de Ansiedad hacia los Conceptos específicos de Cole y Oetting	20	.84 / .95
Richardson y Suinn (1972)	MARS de Richardson y Suinn	98	.78 / .95 .96 / .99
Richardson y Suinn (1972)	MARS - α de Richardson y Suinn	98	.89 / .96
Plake y Parker (1982)	MASC de Plake y Parker	22	.97
Alexander y Martray (1989)	SMARS de Alexander y Martray	25	.71
Saranson , Davidson, Lighthall y Waite (1958)	TASC de Saranson	30	.85
Sztela (1973)	Escala de Ansiedad Debilitante hacia las Matemáticas de Sztela	10	.83
Sepie y Keelin (1978)	Escala de Ansiedad hacia las Matemáticas de Sepie y Keeling	20	.90
Cruise y Wilkins (1980)	Escala de Ansiedad hacia la Estadística de Cruise y Wilkins	51	.67 / .94
Meece (1981)	Cuestionario de Ansiedad hacia las Matemáticas de Meece	19	.81
Peker (2006)	Mathematics Tesching Anxiety Scale (MATAS)	23	.91
Deniz y Üldas (2008)	Mathematics Anxiety Scale toward Teachers (MAST)	39	.95

Así mismo, en las tablas 3 y 4 se reflejan las características esenciales de distintos cuestionarios de actitud y ansiedad hacia las Matemáticas en cuanto a sus dimensiones.

Tabla 3. Dimensiones de las actitudes hacia las Matemáticas en la revisión bibliográfica.

AUTOR	Afectividad Agrado	Ansiedad, miedo	Valor, Utilidad	Motivación	Seguridad, confianza	Percepción del estudiante sobre el profesor	Percepción actitud del profesor	Actitud del alumno hacia su éxito	Sexo	Las Matemáticas y uno mismo	Las Matemáticas como disciplina	Las Matemáticas como proceso
Aiken-Dreger (1961)	x	x										
Aiken (1976)	x		x									
Aiken (1979)	x	x	x	x								
Sandman (1980)	x	x	x	x	x	x						
Michaels y Forsyth (1977)	x		x		x							
Fennema-Sherman (1976)		x	x	x	x		x	x	x			
McConeghy 1985			x							x	x	x
McConneghy (1987)			x							x	x	
Yi (1989)	x	x	x		x							
Auzmendi (1992)	x	x	x	x	x							
O'Callaghan (1993)	x	x	x	x	x	x						
White (1997)		x	x		x							
Gómez (1999)		x	x	x	x							
Tapia y Marsh	x		x	x	x			x				

Tabla 4. Dimensiones de la ansiedad hacia las Matemáticas en la revisión bibliográfica.

AUTOR	Ansiedad hacia las Matemáticas	Ansiedad numérica	Ansiedad exámenes	Ansiedad profesor	Ansiedad hacia lo abstracto	Agrado	Conformidad	Disconformidad	Preocupación	Miedo	Confianza	Emoción
Richardson y Suinn (1972) MARS	x											
Sarason (1972) TAE										x		x
Rounds y Hendel (1980) MARS		x	x									
Plake y Parquer (1982) MASC		x	x									
Frary y Ling (1983)	x											
Resnick, Viehe y Segal (1982) MARS		x	x	x								
Alexander y Cobb (1984) MARS		x	x									
Suin, Taylor y Edwards (1988) MARS			x									
Chiu y Henry (1990) MASC			x									
Brown y Gray(1992) MARS		x			x							
Mece, Wigfield y Eccles (1990)						x	x	x	x	x	x	
Pretorius Norman(1992)	x											
Bessant (1995)						x	x	x	x	x	x	

Elaboración de un cuestionario de actitudes y otro de ansiedad hacia las Matemáticas.

En coherencia con el argumento planteado, hemos diseñado un cuestionario sobre las actitudes y otro sobre la ansiedad hacia las Matemáticas adaptados a las características económicas, sociológicas y culturales de nuestra población (Anexos 1 y 2).

La escala que mide las actitudes se ha creado a partir de la de Elizabeth Fennema y Julia Sherman (1976), con características similares a la original. La de ansiedad deriva del MARS (The Mathematics Anxiety Rating Scale), una escala ideada por Richardson y Suinn en 1972. Ambas instrumentos tienen una concepción multidimensional, alta fiabilidad y validez, y adecuados a nuestro contexto.

Estas escalas se ajustan a los siguientes principios:

• Permiten el anonimato.

• Proporcionan tiempo al encuestado para pensar acerca de las respuestas antes de responder.

• Se pueden administrar simultáneamente a muchas personas.

• Proporcionan uniformidad. Cada persona contesta exactamente a la misma pregunta.

• Los datos obtenidos son más fácilmente analizados e interpretados que los extraídos de respuestas orales.

• Pueden ser aplicados por terceras personas sin pérdida de fiabilidad de los resultados.

• Garantizan la consecución de los planteamientos teóricos defendidos en los apartados anteriores.

Para la elaboración de los dos cuestionarios, el procedimiento general se basó en la teoría enunciada por Thurstone a partir del año 1929 y continuada por Likert en los años 30. Estos autores parten de la base de que las actitudes de los sujetos ante determinados objetos, constructos o acontecimientos, pueden ser evaluadas a través del análisis de las respuestas que proporcionan los individuos ante determinados enunciados.

Después de revisar la literatura existente, partimos de un banco inicial de 480 ítems procedentes de diversos estudios, tanto relativos a la evaluación de las actitudes como de la ansiedad ante las Matemáticas (Darias, 2000; Amorim, 2004; Golbach, 2004; Hidalgo, Maroto y Palacios, 2004).

Se escogieron aquellas afirmaciones que reunían en mayor medida las características que deben poseer los ítems que constituyen una escala de actitudes y de ansiedad (Morales, 1988). Éstas son:

Relevancia. Las afirmaciones de los ítems deben estar relacionadas claramente con el objeto actitudinal.

Claridad. Que los ítems sean claros supone:

• Que sean fácilmente comprensibles para la persona. Hay que evitar introducir opiniones con las que se pueda estar de acuerdo o en desacuerdo desde actitudes distintas.

• Tener mucho cuidado con las expresiones negativas y, sobre todo, evitar las dobles negaciones.

• Ser muy prudente con la utilización de expresiones generales (siempre, nunca...) puesto que pueden ser fuente de ambigüedad.

• Usar afirmaciones simples, esto es, que no incluyan más de una opinión porque se puede estar de acuerdo con una pero no con la otra.

Discriminación. No introducir ítems con los que todos van a estar de acuerdo o en desacuerdo ya que esto no nos permitiría hallar diferencias entre los sujetos.

Bipolaridad. Es decir, que las afirmaciones estén formuladas tanto en forma positiva como negativa.

A partir de este banco inicial se realizó, mediante la colaboración de un grupo de expertos, una primera selección compuesta por 105 ítems. Se sometieron los cuestionarios a revisión de jueces procedentes de varios centros, realizándolo de la siguiente manera:

Se solicitó a un grupo de profesores y de alumnos que diesen su opinión crítica y constructiva sobre los ítems que aparecían en los cuestionarios, así como la distribución que se hacía de ellos, pidiendo, además de las sugerencias oportunas, que opinasen sobre la posibilidad de suprimir o aumentar algún ítem.

Una vez contrastadas las decisiones de cada uno de las personas, se procede a realizar las modificaciones necesarias para la elaboración de los cuestionarios pilotos.

Las acciones realizadas como consecuencia de esta primera revisión han afectado a la supresión de varios ítems y a la redacción de otros.

Los alumnos que fueron utilizados como jueces no han sido empleados en las muestras elegidas posteriormente.

Se administraron a alumnos de ESO de varios centros, y realizados los estudios estadísticos pertinentes, se procedió a redactar los definitivos; entendiendo tanto la ansiedad como la actitud, no como un rasgo general y unitario sino como un elemento formado por aspectos diferenciales y específicos.

Para la realización de los cálculos y del tratamiento estadístico general de los datos hemos empleado el paquete estadístico SPSS. Utilizamos la técnica de análisis factorial exploratoria a fin de estudiar en qué medida una variable específica está compuesta potencialmente por otra serie de variables latentes (Gardner, 2001).

El resultado del análisis factorial implicó reducir la dimensionalidad de la matriz de correlaciones a un número menor de niveles que denominamos factores, sin pérdida del poder informativo. Utilizamos para ello el método de componentes principales con rotación varimax y con la inclusión del criterio de eliminar cargas factoriales inferiores a ,30, lo que limitó las saturaciones factoriales.

Procedimos a calcular la fiabilidad de cada uno de los cuestionarios, a través del valor alfa de Cronbach y analizamos el comportamiento de cada ítem con respecto a la fiabilidad, así como el análisis cualitativo de su comportamiento.

Posteriormente analizamos las asociaciones e influencias entre las variables mediante análisis de las diferencias que presentan teniendo en cuenta otras variables como centro, curso, sexo, estudios, profesión de los padres, etc. Para esto recurrimos a los análisis siguientes: el ANOVA en el que la variable dependiente (la actitud o la ansiedad) induce a la formación de varios niveles o grupos en función de los diferentes niveles de la variable independiente. Cuando existen más de dos grupos provocados por la variable independiente como es el caso de nuestras variables, la razón de F (procedimiento matemático de este proceso en la que se fundamenta la hipótesis) puede informar sobre la existencia de la influencia de una variable sobre otra, pero no conocer la naturaleza del efecto. Por ello se completaron los análisis con pruebas de contraste como la prueba de Scheffé, que se utilizó como complementaria de las ANOVAS (Balluerca y Vergara, 2002).

Utilizamos también como contraste de los resultados obtenidos mediante ANOVA, la prueba no paramétrica de Kruskal-Wallis, que se considera con un comportamiento similar al anterior pero con presupuestos no paramétricos.

Finalmente, para conocer los efectos generales y específicos de las variables ansiedad y actitud sobre el rendimiento académico en las Matemáticas, utilizamos la correlación de Pearson y el procedimiento de regresión múltiple, que se basa en el planteamiento de una ecuación que maximiza la predicción de una variable concreta (en nuestro caso el rendimiento) determinando el mayor agregado ponderado de una serie de variables predictoras (Gardner, 2001). El método que hemos utilizado es el de pasos sucesivos, es decir, cada una de las variables entra en el análisis una a una. En cada paso se realizaron todos los movimientos en función de cada una de las variables que se incorporaron como predictoras en la ecuación, por lo que los coeficientes relativos a las variables ya introducidas cambian con la introducción de las siguientes.

Recogemos en la Tabla 5, resumido y organizado por fases, todos los procesos y actuaciones que realizamos para la elaboración de los cuestionarios de actitudes y de ansiedad hacia las Matemáticas.

Tabla 5. Procesos y actuaciones para la elaboración de los cuestionarios.

Fases	PROCESOS	ACTUACIONES
Fase 1	• Búsqueda y recopilación bibliográfica	• Revisión de artículos y de cuestionarios más relevantes
Fase 2	• Revisión de la estructura multidimensional de varios cuestionarios	• Determinación del número de dimensiones de partida (16 DIMENSIONES)
Fase 3	• Revisión y elaboración del banco inicial de Ítems	• Banco de 480 ítems

Fases	PROCESOS	ACTUACIONES
Fase 4	• Mediante la colaboración de expertos: Ubicación de ítems, en función de su contenido, en las dimensiones predeterminadas	• Banco de 105 ítems
Fase 5	• Depuración y redacción de los ítems adaptándose al nivel de los alumnos y a las características socioculturales y lingüísticas del contexto.	• Cuestionarios piloto: - Cuestionario de actitud = 29 ítems - Cuestionario de ansiedad = 24 ítems
Fase 6	• Diseño de los cuestionarios del estudio piloto	• Escala cuantitativa del 1 al 5, que representan cinco alternativas continuas • Ítems alternados • Instrucciones y forma de aplicación
Fase 7	• Selección de la muestra piloto	• Muestra compuesta por alumnos de ESO de A Coruña
Fase 8	• Administración de la versión piloto a 160 alumnos de 4 centros de ESO de A Coruña	
Fase 9	• Análisis de los instrumentos aplicación piloto • Administración de la versión final a 1220 alumnos de 7 centros de ESO de A Coruña • Análisis de los instrumentos de la versión final	• KMO • Análisis Factorial • Análisis de Fiabilidad y Validez • Análisis de ítems (redacción, comunalidad, correlación, influencia del ítem en la fiabilidad)
Fase 10	• Análisis de los datos y contraste de hipótesis	• Contraste Ho.: análisis de varianza, Kruskal Wallis, prueba t. • Correlación entre las Variables; análisis de correlación de Pearson. • Validez predictiva: análisis de regresión

Fase 1: Búsqueda y recopilación bibliográfica.

La información acerca de la estructura, los ítems, dimensiones y otras características de los cuestionarios ha sido obtenida de diversas fuentes bibliográficas tanto primarias como secundarias, tales como manuales, cuestionarios de uso psicopedagógico, informes de investigaciones, artículos de revistas, páginas de Internet, etc.

Fase 2: Determinación de la estructura multidimensional.

Una de las características esenciales de las actitudes y de la ansiedad hacia las Matemáticas es su carácter multidimensional o multifacético; por tanto, una de las primeras tareas a la que nos enfrentamos fue la de estructurar unos cuestionarios que atendiesen a esa multidimensionalidad.

Para esta fase se consultaron las características esenciales de distintos cuestionarios citados anteriormente.

Las dimensiones determinadas para la estructura de nuestros cuestionarios, en su versión experimental, fueron las siguientes:

Cuestionario de actitud.

Actitud del profesor percibida por el alumno.

Agrado y motivación.

Utilidad y Valor de futuro.

Seguridad, confianza.

Cuestionario de ansiedad.

Ansiedad ante los exámenes.

Ansiedad a los números.

Ansiedad ante la resolución de problemas.

Ansiedad social.

Ansiedad ante situaciones

Matemáticas de la vida real.

Fase 3: Revisión y Elaboración del banco inicial de ítems.

Una vez determinada la estructura multidimensional de los cuestionarios, se procedió a realizar una recopilación de ítems de distintos instrumentos de evaluación relacionados con el constructo actitud y ansiedad.

En esta fase se confeccionó un banco inicial compuesto por 480 ítems procedentes y/o elaborados a partir de varios cuestionarios diferentes.

Fase 4: Clasificación de los ítems en las dimensiones predeterminadas.

Mediante la colaboración de un equipo de expertos se procedió a la redacción y lectura de cada uno de los ítems y a su clasificación en las distintas dimensiones predeterminadas en la FASE 2. Para la realización de esta FASE 4 se procedió de la siguiente manera:

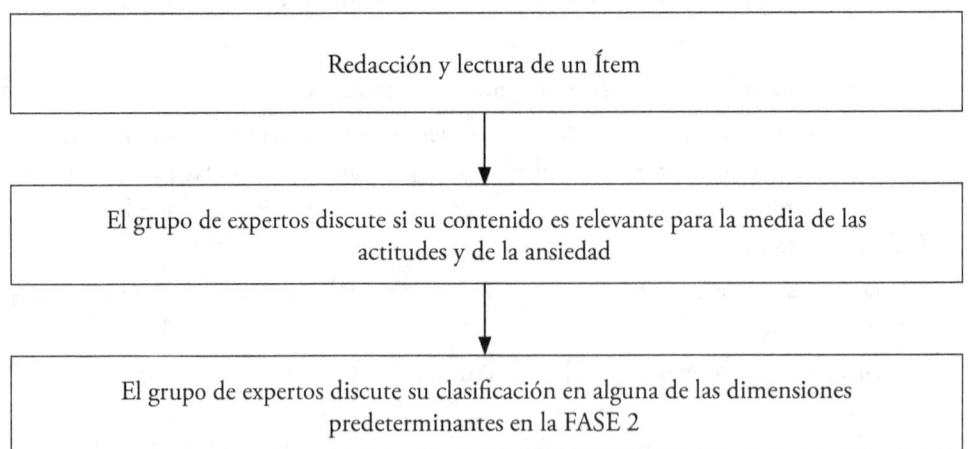

Como resultado de esta fase obtuvimos un banco de 105 ítems seleccionados y clasificados en las 8 dimensiones predeterminadas.

Hemos de tener en cuenta que algunos ítems han sido traducidos del inglés y por lo tanto la expresión ha sufrido diversas modificaciones hasta que el equipo de expertos consideró que estaban claros y bien redactados. Otros han sido elaborados específicamente, después de hacer varias correcciones, hasta lograr acuerdos acerca de la redacción y del contenido que queríamos reflejar en nuestro estudio.

Fase 5: Selección y redacción de los ítems de la versión experimental.

Se procedió a la selección y a redacción definitiva de los ítems que debían formar la versión experimental de los cuestionarios. Esta última selección también fue realizada con la colaboración del grupo de expertos que efectuó la FASE 4.

De los ítems que formaron la versión experimental, aunque tuvieron semejante procedencia, algunos fueron tomados literalmente tal y como aparecían en sus cuestionarios de origen; otros fueron reformulados para que respondieran a los propósitos del cuestionario; y otros, se redactaron específicamente para la ocasión.

El proceso seguido en esta fase dio lugar a un cuestionario de actitud de 29 ítems y otro de ansiedad de 24 ítems.

Fase 6: Diseño del cuestionario en su versión experimental.

Determinados los ítems de la versión experimental procedimos a estructurar los cuestionarios; es decir, la forma en que debían aparecer ante los alumnos para ser contestados.

Los ítems se repartieron ordenadamente en los cuestionarios alternando series de ítems, correspondientes a cada una de las dimensiones. De esta forma se garantizaba que no coincidieran varios ítems seguidos de una misma dimensión, como pudiera haber ocurrido si hubieran sido repartidos al azar.

Optamos por la utilización de una escala (Likert) de cinco respuestas continuas, que van desde nada, con la puntuación 1 hasta mucho con la puntuación 5. En aplicaciones experimentales previas pudimos observar serias dificultades en muchos alumnos a la hora de contestar otras alternativas.

Fase 7: Selección de la muestra piloto.

La muestra utilizada para la validación de los cuestionarios piloto la formaron 160 alumnos de 4 centros de Educación Secundaria Obligatoria.

Los sectores educativos elegidos respondían a todas las características sociales y culturales de la ciudad. Dentro de este contexto puede señalarse que geográficamente los centros están situados en distintas zonas de la ciudad, con características propias en cuanto al nivel económico y social.

De los 160 alumnos que han contestado los cuestionarios piloto tenemos una mortandad experimental por falta de cubrir algún dato de 2 cuestionarios. De estos 160 cuestionarios 76 son de hombres y 84 son de mujeres. La edad media del conjunto de estudiantes es de 13, 5 años.

La distribución en porcentajes de la muestra piloto referidos al centro y al curso de los alumnos es bastante homogénea. Por el contrario, la distribución de la muestra por sexo es ligeramente superior el número de mujeres.

Fase 8: Administración de la versión piloto.

Los cuestionarios fueron aplicados por el orientador de cada uno de los centros en los que se hizo el estudio.

La puesta en contacto con los colegios se hizo en un primer momento telefónicamente con cada uno de los directores de los centros. Posteriormente se llevó a cabo una entrevista en la que participaron el orientador y el investigador, en la cual se le explican los motivos de la investigación y de qué consta la misma. Se pide que sea el orientador del centro el que aplique los cuestionarios, de forma colectiva, solicitando que no estuviera presente en el aula el profesor de Matemáticas durante la aplicación de las pruebas con el fin de no mediatizar las respuestas de los alumnos.

Por lo tanto, los cuestionarios se aplicaron en cada centro por personal diferente, pero que previamente fue preparado y entrenado, a fin de evitar que personas desconocidas para los alumnos les causaran alguna intranquilidad.

Para cumplimentarlos se ofrecieron a los alumnos las siguientes instrucciones:

- Lo que vamos a realizar a continuación nada tiene que ver con la escuela, es decir, los resultados de lo que hagáis no lo verán vuestros profesores y podéis estar tranquilos porque no forma parte de la evaluación académica. Además los datos sólo los verá el investigador.

- Es importante que seáis sinceros en vuestras contestaciones, que tengáis una actitud positiva y que estéis concentrados en lo que hacéis.

- Si hay algún alumno que no desee realizar las pruebas puede optar libremente por ello.

- También es importante que no dejéis ninguna pregunta en blanco, hay que contestar todas las cuestiones. Si alguno/a no está seguro, debe pensar un poco y responder lo que más se acerque a lo que piensa. Si después de comenzar surgen algunas dudas permaneced en vuestra silla y levantad el brazo, nosotros iremos hasta allí y resolveremos en voz baja la duda, es decir si no sabéis contestarla nos aclaráis el motivo. ¡Podéis comenzar!

No se impuso limitación de tiempo; sin embargo, los alumnos tardaron en completar los cuestionarios entre 30 y 45 minutos en todos los grupos.

Para evitar que aquellos estudiantes que no estaban interesados en dichos cuestionarios influyeran negativamente en los que sí lo estaban, convenimos que nadie saliera del aula hasta que todos hubiesen acabado. Los que iban finalizando podían dedicarse a cualquier otra tarea de su interés, lo que favoreció que los cuestionarios no fueran contestados apresuradamente, influidos por los que habían concluido antes.

Elegimos también el horario lectivo para evitar esa desgana manifiesta que generalmente se tiene a contestar encuestas, de esta forma intercambiábamos contenidos de otras asignaturas por cuestionarios. Y una vez que observamos que todos los alumnos habían finalizado se recogieron.

Fase 9: Análisis psicométrico de los cuestionarios piloto y final.

Una vez obtenidos los datos se procedió a su análisis con el fin de depurar y analizar su fiabilidad y validez. Así mismo, se realizaron los mismos análisis psicométricos de los cuestionarios resultantes antes de su aplicación a la muestra objeto de estudio.

El proceso de análisis de los ítems se realizó teniendo en cuenta lo siguiente:

• Para el análisis de la fiabilidad se utilizó el alfa de Cronbach lo que nos proporcionó un índice de consistencia interna.

• Para analizar el comportamiento de los ítems se calculó la correlación de cada ítem con el resto (correlación ítem-total corregida) y el coeficiente ⊠ de la escala.

• Para calcular la validez de constructo se realizó un análisis factorial. Se analizó a través del test de Barlett y el índice KMO (Kaiser-Meyer-Olkin).

El proceso de reducción de los ítems se basó en el análisis de los indicadores anteriormente señalados, todos ellos incluidos en el paquete estadístico SPSS. Para los análisis se contó, con una muestra de 160 sujetos, de los que fueron válidos 158, y de 1220 para el cuestionario final.

Fase 9 A: Análisis de los Cuestionarios de Actitud hacia las Matemáticas (piloto y final).

Análisis de la fiabilidad.

Se ha obtenido un coeficiente de fiabilidad del cuestionario piloto de .6735, lo que nos indicaba un bajo índice de fiabilidad respecto a los coeficientes obtenidos en otros cuestionarios por otros autores. El comportamiento de algunos ítems no era, en general, bueno y se procedió a eliminarlos y comprobar nuevos índices de fiabilidad.

A raíz del análisis de la problemática del cuestionario en cuanto a su comprensión, se suprimieron algunos ítems, dado que los alumnos no los entendían y suponían un continuo problema mientras era contestado:

También se eliminaron aquellos que disminuían la fiabilidad del instrumento. Eliminados los 10 ítems se obtuvo una fiabilidad de ,8879; lo que consideramos como un índice alto y aceptable. Posteriormente se aplicaron los cuestionarios finales, hechas las modificaciones, a una muestra de 1220 alumnos con las mismas instrucciones y empleando el mismo procedimiento de la prueba piloto.

Finalmente se realizó el análisis de fiabilidad del cuestionario de actitud final formado por 19 ítems y una muestra de 1220 sujetos. Se ha obtenido un coeficiente de fiabilidad Alpha de Cronbach (consistencia interna) de ,9706 lo que nos indicó una alta fiabilidad de la prueba.

Análisis de la validez de constructo.

El análisis de la validez de constructo de cada uno de los cuestionarios lo proporcionó el análisis factorial.

El valor prácticamente 0 del determinante de la matriz de correlaciones indicaba la existencia de intercorrelaciones muy altas entre las variables (3,269E-07 para el cuestionario piloto y 9,772E-16 para el cuestionario final).

A partir de los valores muy altos obtenidos en el test de esfericidad de Barlett rechazamos la hipótesis nula de que la matriz de correlaciones es una matriz identidad, indicando la existencia de intercorrelaciones significativas entre los ítems para los dos cuestionarios.

El índice KMO era aceptable en ambos cuestionarios (piloto y final), según el baremo de interpretación, lo que indicó que las correlaciones entre pares de ítems podían ser explicados por los otros ítems (,848 y ,969 respectivamente).

El procedimiento seguido en la obtención de factores fue el de componentes principales. (comunalidades de cada ítem en los dos cuestionarios).

A continuación se halló el análisis factorial con rotación varimax. Se obtuvo una matriz de 7 componentes en el cuestionario piloto, y de 2 componentes en el final, en la que se aprecia que es el primer componente el que tiene la mayor carga de ítems.

Respecto a la varianza total explicada para el cuestionario de actitud final, los dos factores obtenidos explican un 85,383 % de la variabilidad total de los ítems, lo que consideramos como altamente positivo.

Interpretación de los factores del cuestionario final de actitud hacia las Matemáticas.

Factor I: La actitud del profesor percibida por el alumno.

Este factor describe la percepción que tienen los estudiantes sobre las actitudes de su profesor de Matemáticas. Hace referencia al trato que tiene el profesor con sus alumnos, cómo los anima, si él se divierte en clase, cómo logra que les interesen las Matemáticas, cómo son las clases (si son participativas). Creemos que el profesor tiene mucho que ver con que un estudiante esté motivado en clase. Según Moreno (2010) se entiende la relación profesor-alumno como una interacción; es decir, la acción de la influencia y la reciprocidad entre ellos. Esta relación maestro-alumno ejerce un papel muy importante en el desarrollo de las competencias académicas, sociales y emocionales de los educandos (Pianta Hamre y Stuhlma, 2003; Pianta y Stuhlman, 2004; Moreno y Martínez, 2008).

Incluye los siguientes ítems:

• El profesor me anima para que estudie más Matemáticas (ítem2)

• El profesor me aconseja y me enseña a estudiar (ítem 3)

- Me siento motivado en clase de Matemáticas (ítem 5)

- El profesor se divierte cuando nos enseña Matemáticas (ítem 6)

- Pregunto al profesor cuando no entiendo algún ejercicio (ítem 7)

- El profesor de Matemáticas me hace sentir que puedo ser bueno en Matemáticas (ítem 9)

- El profesor tiene en cuenta los intereses de los alumnos (ítem 10)

- Me gusta cómo enseña mi profesor de Matemáticas (ítem 12)

- Después de cada evaluación, el profesor me comenta los progresos hechos y las dificultades encontradas (ítem 14)

- El profesor se interesa por ayudarme a solucionar mis dificultades con las Matemáticas (ítem 15)

- En general, las clases son participativas (ítem 19)

Factor II: Agrado y utilidad de las Matemáticas en el futuro.

Este factor puede interpretarse como la satisfacción que siente el estudiante hacia el estudio de las Matemáticas. La confianza que tiene en sí mismo. (Los estudiantes con actitudes negativas suelen manifestar una menor confianza en su propia habilidad). También hace referencia al valor que la persona otorga a las Matemáticas, a la utilidad subjetiva que tiene para el individuo el conocimiento de las Matemáticas tanto desde el punto de vista racional y cognitivo como desde la perspectiva afectiva y comportamental. Informa además del valor que el estudiante da a las Matemáticas de cara al futuro. Los alumnos estudian la materia desligada de la vida real, sin darse cuenta de que desde que se levantan están utilizando la Matemática inconscientemente: la forma, el espacio, las cantidades, los pesos... Esta visión de la utilidad que tienen las Matemáticas en su vida futura presenta un descenso significativo más acentuado a medida que se asciende en los cursos académicos como consecuencia de la descontextualización entre los contenidos matemáticos y los problemas de la vida diaria (Martínez y al. 2010).

La percepción que muchas veces tiene la sociedad respecto de las Matemáticas es que gira entorno a los números (Paenza, 2011), e incluso hay un pensamiento generalizado en la sociedad de que las Matemáticas no les sirve para nada.

Debemos tener en cuenta que las Matemáticas son muy importantes para nuestro día a día, son útiles en cualquier aspecto de nuestra vida cotidiana, y su empleo es imprescindible en el desarrollo de nuestra sociedad tecnológica; la informática, economía, arquitectura, ingeniería, medicina, biología.... en todos los campos hay Matemáticas. Incluso en lingüística, ciencias sociales, en el estudio del comportamiento humano... se utilizan las Matemáticas. Por lo tanto, son imprescindibles para desenvolvernos como colectividad.

Incluye los siguientes ítems:

- Las Matemáticas serán importantes para mi profesión (ítem 1)

- Las Matemáticas son útiles para la vida cotidiana (ítem 4)

• Entiendo los ejercicios que me manda el profesor para resolver en casa (ítem 8)

• En primaria me gustaban las Matemáticas (ítem 11)

• Espero utilizar las Matemáticas cuando termine de estudiar (ítem 13)

• Saber Matemáticas me ayudará a ganarme la vida (ítem 16)

• Soy bueno en Matemáticas (ítem 17)

• Me gustan las Matemáticas (ítem 18)

Debemos indicar que los factores hallados en los análisis finales se corresponden con aquellos determinados al comenzar la estructura inicial de la prueba, así como los detectados a nivel teórico. Sin embargo nosotros habíamos fijado cuatro factores y en el análisis hemos obtenido dos pero que engloban a esos cuatro. Lo que hicimos fue unir en un solo factor "actitud del profesor percibida por el alumno" y "agrado y motivación". Y pasó lo mismo con "utilidad y valor de futuro" y "seguridad y confianza".

Fase 9B: Análisis de los cuestionarios de ansiedad hacia las Matemáticas (piloto y final).

Análisis de la fiabilidad.

Se realizó el análisis de la fiabilidad del cuestionario piloto con 160 cuestionarios. Se obtuvo un coeficiente de fiabilidad Alpha de Cronbach (consistencia interna) de ,9463; lo que consideramos alto. Las correlaciones de cada ítem con los demás oscilaban entre ,1611 y ,7387.

En el cuestionario de ansiedad inicial se cambió la redacción del ítem 21, escribiéndolo de manera más sencilla, dado que se nos informó de que algunos alumnos de 1º de ESO no lo entendían.

Se realizó posteriormente el análisis de la fiabilidad del cuestionario con los 1.220 sujetos de la muestra final. Se obtuvo un coeficiente de fiabilidad Alpha de Cronbach (consistencia interna) de ,9504.

Análisis de validez de consumo.

El análisis de la validez de constructo de cada uno de los cuestionarios lo proporcionó el análisis factorial. El valor prácticamente 0 del determinante de la matriz de correlaciones indicó la existencia de intercorrelaciones muy altas entre las variables (3,795E-08 para el cuestionario piloto y 5,558EE-18 para el cuestionario final)

A partir del valor muy alto obtenido en el test de esfericidad de Barlett rechazamos la hipótesis nula de que la matriz de correlaciones es una matriz identidad, indicando la existencia de intercorrelaciones significativas entre los ítems.

El índice KMO es aceptable en ambos cuestionarios (piloto y final), según el baremo de interpretación, lo que indicaba que las correlaciones entre pares de ítems pueden ser explicados por los otros ítems (,917 y ,921 respectivamente).

El procedimiento seguido en la obtención de factores es el de componentes principales.

La totalidad de los factores obtenidos explican un 84,550 % de la variabilidad total de los ítems, para la prueba final.

Se obtuvo una matriz de 4 componentes, por el método de componentes principales con rotación varimax, para la prueba piloto y de cinco componentes para la prueba final. En ambos casos se aprecia claramente que los dos primeros componentes tienen la mayor carga de ítems de los dos cuestionarios.

Interpretación de los factores del cuestionario de ansiedad hacia las Matemáticas.

Factor I: Ansiedad ante la evaluación.

Este factor se refiere al sentimiento de ansiedad y temor que el alumno manifiesta al ser evaluado. Se interpreta como el sentimiento de tensión, nervios, preocupación, y miedo tanto ante los exámenes de Matemáticas como al tener que hacer Matemáticas en público (Pérez-Tyteca y al., 2009).

Incluye los siguientes ítems:

• Me pongo nervioso cuando pienso en el examen de Matemáticas el día anterior (ítem 1)

• Me siento nervioso cuando me dan las preguntas del examen de Matemáticas (ítem 2)

• Me pongo nervioso cuando alguien me mira mientras hago los deberes de Matemáticas (ítem 8)

• Me siento nervioso cuando me pongo a estudiar para un examen de Matemáticas (ítem 10)

• Me ponen nervioso los exámenes de Matemáticas (ítem 11)

• Me siento nervioso al tener que explicar un problema de Matemáticas al profesor (ítem 14)

• Me pongo nervioso cuando hago el examen final de Matemáticas (ítem 15)

• Me siento nervioso cuando hago un examen de evaluación de Matemáticas (ítem 18)

• Estoy nervioso al recibir las notas finales (del examen) de Matemáticas (ítem 20)

• Me siento nervioso cuando nos ponen un problema y un compañero lo acaba antes que yo (ítem 22)

• Me siento nervioso cuando tengo que explicar un problema en clase de Matemáticas (ítem 23)

Factor II: Ansiedad ante la temporalidad.

Hace referencia a la ansiedad que sienten los alumnos ante el tiempo que le queda para hacer un examen o para llevar los ejercicios hechos para clase.

Incluye los siguientes ítems:

• Me siento nervioso al pensar en el examen de Matemáticas, cuando falta una hora para hacerlo (ítem 4)

• Me pongo nervioso cuando me doy cuenta de que el próximo curso aún tendré clases de Matemáticas (ítem 6)

• Me siento nervioso cuando pienso en el examen de Matemáticas que tengo la semana próxima (ítem 7)

• Me siento nervioso cuando me ponen problemas difíciles para hacer en casa y que tengo que llevar hechos para la siguiente clase (ítem 12)

Factor III: Ansiedad ante la comprensión de problemas matemáticos.

Este factor se refiere a que el alumno siente temor ante la comprensión de los problemas de Matemáticas que se manifiestan como inquietud, irritabilidad, impaciencia (APA, 2000 citado en Delgado, Inglés et García-Fernández 2013).

Los ítems que incluye son los siguientes:

• Me siento nervioso cuando escucho cómo otros compañeros resuelven un problema de Matemáticas (ítem 5)

• Me siento nervioso cuando intento comprender a otro compañero explicando un problema de Matemáticas (ítem 17)

• Me siento nervioso cuando veo/escucho a mi profesor explicando un problema de Matemáticas (ítem 19)

Factor IV: Ansiedad frente a los números y las operaciones Matemáticas.

Este factor se refiere al sentimiento de ansiedad y temor que el alumno manifiesta al hacer ejercicios, operaciones y en general al trabajar con números cuyos síntomas son confusión, miedo y bloqueo mental.

Incluye los siguientes ítems:

• Me pongo nervioso cuando abro el libro de Matemáticas y encuentro una página llena de problemas (ítem 3)

• Me pone nervioso hacer operaciones Matemáticas (ítem 13)

• Me siento nervioso cuando me dan una lista de ejercicios de Matemáticas (ítem 16)

Factor V: Ansiedad ante situaciones Matemáticas de la vida real.

Hace referencia a la ansiedad que siente el alumno al tener que enfrentarse a las Matemáticas de la vida real.

Incluye los siguientes ítems:

• Me siento nervioso cuando reviso el ticket de compra después de haber pagado (ítem 9)

• Me siento nervioso cuando quiero averiguar el cambio en la tienda (ítem 21)

• Me siento nervioso cuando empiezo a hacer los deberes (ítem 24)

Los factores hallados en los análisis se corresponden con los establecidos al comenzar la estructura inicial de la prueba de ansiedad y con los detectados a nivel teórico.

Hemos obtenido cinco factores, los mismos que nosotros habíamos fijado, aunque con algunas diferencias, "la ansiedad ante los exámenes" y "la ansiedad social" los hemos nombrado "ansiedad ante la evaluación". Además hemos hallado un factor que no habíamos establecido, al que hemos llamado "ansiedad ante la temporalidad". Los demás factores "ansiedad ante la comprensión de problemas", "ansiedad frente a los números y las operaciones Matemáticas" y "ansiedad ante situaciones de la vida real" ya los habíamos determinado.

BIBLIOGRAFÍA

ABREU, G. (1998). Studying social representations of mathematics learning in multiethnic primary schools: work in progress. *Papers on social representations: Thereads of discussion*, 7 (1-2), 1-20.

AIKEN, L. R. Jr. y DREGER, R. M. (1961). The Effect of Attitudes on Performance in Mathematics. *Journal of Educational Psychology*, 52, 19-24.

AIKEN, L. R. (1974). Two Scales of Attitude toward Mathematics. *Journal for Research in Mathematicas Education*, 5, 67-71.

AIKEN, L. R. (1976). Update on attitudes and other affective variables in learning mathematics. *Review of Educational Research*, 46, 293-311.

AIKEN, L. R. (1988). Attitudes toward mathematics. Artículo enviado por el autor sin especificación bibliográfica, 32-34.

AKEY, T. (2006). *School context, student attitudes and behaviour, and academic achievement: An exploratory analysis*. Informe de investigación. Publicación electrónica: http://www.eric.ed.gov/ERICDocs/data/ericdocs2/content_ storage_

ALEMANY, I. (2010). Las actitudes hacia las matemáticas en el alumnado de ESO: un instrumento para su medición. *Publicaciones*, 40, 49-71.

ALEXANDER, L. y COBB, R. (1984). Identification of the dimensions and predictors of math anxiety among college students. Paper presented at the meeting of the Mid-South Edu ALEXANDER, L. y MARTRAY, C. (1989). The development of an abbreviated version of the Mathematics Anxiety Rating Scale. *Measurement and Evaluation in Counseling and Development*, 22, 143-150.

ALIAGA, J.Y PECHO, J. (2000). Evaluación de la actitud hacia la matemática en estudiantes secundarios. *Paradigmas*, 1(1-2), 61-78.

ALLPORT, G.W. (1935). Attitudes en MURCHISON, C. (Ed.). *A Handbook of Social Psychology*. Worcester. Clark University Press.

ALONSO, D Y L. J. FUENTES (2001). Mecanismos cerebrales del pensamiento matemático. *Revista NEUROL*, 33, 568-76.

ALSINA, C. (1994). ¿Para qué aspectos concretos de la vida deben preparar las matemáticas? *UNO*, 1, 37-43.

ALSINA, C. (1998). *Los matemáticos no son gente seria*. Barcelona. Rubes.

AMORIM, S. (2004). Improving student teachers' attitudes to Mathematics. *Proceedings of the 28th Conference of the International Group for the Psychology of Mathematics Education*, 25-32.

ANDERSON, J.R., Y SCHUNN, C.D. (2000). Implications of the ACT-R learning theory: No magc bullets. En R. Glaser (Ed.), Advances in instructional psychology. *Educational design and cognitive science*, 5, 1-33.

ASHCRAFT, M. H. (2002). Math Anxiety: Personal, Educational, and Cognitive Consequences. *Current Directions in Psychological Sciences,* 11, 5, 181-185.

ASHCRAFT, M. H. Y KRAUSE, J. A. (2007). Working memory, math performance, and math anxiety. *Psychonomic Bulletin y Review,* 14(2), 243-248.

AUZMENDI, E. (1991). *Evaluación de las Actitudes hacia la Estadística en Estudiantes Universitarios y Factores que las determinan.* Tesis doctoral Inédita, Universidad de Deusto. Bilbao.

AUZMENDI, E. (1992). *Las actitudes hacia la matemática estadística en las enseñanzas medias y universitarias.* Bilbao. Mensajero.

BÁEZ, A. (2007). *El auto concepto matemático y las creencias del alumnado: su relación con el logro de aprendizaje, un estudio exploratorio, descriptivo e interpretativo en la ESO.* Tesis doctoral inédita. Universidad de Oviedo, Facultad de Filosofía y Letras. Oviedo.

BAI, H., WANG, L., PAN, W. Y FREY, M. (2009). Measuring mathematics anxiety: Psychometric analysis of a bidimensional affective scale. *Journal of Instructional Psychology,* 36(3), 185-193.

BAKER, D.; AKIBA, M.; LETENDRE, G. y WISEMAN, A. (2001). Worldwide Shadow Education: Outside-School Learning, Institutional Quality of Shooling, and Cross-National Mathematics Achievement. *Educational Evaluation and Policy Analysis,* 23, 1-17.

BAKLARZ, M. (2003). *Factors that produce and reduce mathematics anxiety as perceived by seventh grades females: A qualitative study.* (Tesis doctoral). Montclaire State University. Upper Montclaire.

BALLUERCA, N. y VERGARA, A. (2002). *Diseños de investigación experimental en Psicología.* Madrid. Prentice. Hall.

BALOGLU, M. (2002). *Construct and concurrent validity and internal consistency, split-half, and parallel-model reliability of the revised Mathematics Anxiety Rating Scale.* (Tesis doctoral). Texas A y M University-Commerce. Texas.

BARBERO, M.; OLGADO, F.; VILA, E. Y CHACÓN, S. (2007). Actitudes, hábitos de estudio y rendimiento en matemáticas: diferencias por género. *Psicothema,* 19, 413-421.

BRACA, A. (2009). *Motivación y aprendizaje en contextos educativos.* Granada. Grupo Editorial Universitario.

BARCA, A.; PERALBO, M. Y BRENLLA, J.C. (2004). Atribuciones causales y enfoques de aprendizaje. La escala Siacepa. *Psicothema,* 16 (1), 94-103.

BARCA, A.; PORTO, A.; VICENTE, F.; BRENLLA, J. y MORAN, H. (2008). La interacción estilos atribucionales y enfoques de aprendizaje como determinantes del rendimiento académico. En GONZÁLEZ-PIENDA, J. A. y NÚÑEZ, J. C. (Coords.): Psicología y Educación: un lugar de encuentro. V Congreso Internacional de Psicología y Educación: los retos del futuro. Oviedo. *Ediciones de la Universidad de Oviedo,* 670-

688.

BARRANTES, M. y BLANCO, L. (2006). A study of Prospective Primary Teachers Conceptions of Teaching and Learning School Geometry. *Journal of Mathematics Teachers Educations, Calgary,* 9, 411--436.

BAZÁN, J.L.; ESPINOSA, G. y FARRO, C. (2001). *Rendimiento y actitudes hacia Matemática en el sistema escolar peruano.* Documento de Trabajo N° 13, Programa MECEP (Medición de la Calidad Educativa Peruana). Lima. Ministerio de Educación, 5570.

BEKDEMIR, M. (2010). The pre-service thacher Mathematics anxiety relate to dthe of negative experiences in mathematics classroom whil they were students. *Educ Stud Math,* 75, 311-328.

BEILOCK, S. L.; GUNDERSON, E. A.; RAMÍREZ, G. y LEVINE, S. C. (2009) *Female teachers' math anxiety affects Girls' math achievement.* Disponible en: www.pnas. org/cgi/doi/10.1073/pnas.0910967107.

BEILOCK, S. L.; GUNDERSON, E. A.; RAMÍREZ, G. y LEVINE, S. C. (2010). Female teachers' math anxiety affects girls' math achievement. *Proceedings of the National Academy of Sciences,* 107(5), 1860-1863.

BERMEJO, V. (2005). Microgénesis y cambio cognitivo: adquisición del cardinal numérico. *Psicothema,* 17(4), 559-562.

BESSANT, K. (1995). Factors Associated with Types of Mathematics anxiety in College students. *Journal for Research in Mathematics Education,* 26 (4), 327-345.

BETZ, N. E. (1978). Prevalence, Distribution, and Correlates of Math Anxiety in College Students. *Journal of Counseling Psychology,* 25, 441-448.

BIRGIN, O.; ÇATLIOGLU, H.; COSTU, S. y AYDIN, S. (2009). The investigation of the views of student mathematics teachers towards computer-assisted mathematics instruction. *Procedia Social and Behavioral Sciences* 1, 676-680.

BISQUERRA, R. (2003). Educación emocional y competencias básicas para la vida. *Revista de investigación educativa, RIE,* 21(1), 7-43.

BISQUERRA, R. y PÉREZ, N. (2007). Las competencias emocionales. *Educación XXI: Revista de la Facultad de Educación,* 10, 61-82.

BLANCO, L. J. (2008). Una revisión crítica de la investigación sobre las actitudes de los estudiantes universitarios hacia la Estadística. *Revista Complutense de Educación,* 19 (2), 311-330.

BOALER, J. (2003). The role of contexts in Mathematics Clasroom: Do they make mathematics more "real"? *For the learling mathematics,* 13(2), 12-17.

BORNAS, X. (1996). Prevención de la ansiedad en escolares. *Ansiedad y Estrés,* 2 (2-3), 283-295.

BOWER, B. (2001). Math fears subtract from memory, learning. *Science News,* 159, 26, 405.

BRANDELL, G. y STABERG, E.M. (2008). Mathematics: A female, male or gender-neutral domain? A study of attitudes among students at secondary level. *Gender an Education,* 20, 495-509.

BROC CAVERO, A. (2006). Motivación y rendimiento académico en alumnos de Educación Secundaria Obligatoria y Bachillerato LOGSE. *Revista de Educación,* 340, 379-414.

BROK, P.; BREKELMANS, M. y WUBBELS, Th. (2004). Interpersonal teacher behavior and student outcomes. *School Effectiveness and School Improvement,* 15 (3/4), 407-442.

BROWN, C. H. y GELDER, D. V. (1938). Emotional reactions before examinations: I. Physiological changes. *The Journal of Psychology,* 5, 1-9.

BROWN, M. A. y GRAY, M. W. (1992). Mathematics Test, Numerical and Abstraction Anxieties and Their Relation to Elementary School Teachers' Views on Preparing Students for the Study of Algebra. *School Science and Mathematics,* 92, 69-73.

BUCK, R. (1999). The Biological Affects: A Typology. *Psychological Review,* 106 (2), 301-336.

BURSAL, M. y PAZNOKAS, L. (2006). Mathematics anxiety and preservice elementary teachers' confidence To teach mathematics and science. *School Science and Mathematics,* 106(4), 173-179.

BUSH, W. S. (1991). Factors related to changes in elementary student's mathematics anxiety. *Focus on Learning Problems in Math.,* 13 (2), 33-43.

BUXTON, L. (1981). *Do you panic about maths? Coping with maths anxiety.* London. Heinemann Educational Books.

CABALLERO, A. y BLANCO, L. J. (2007). Las actitudes y emociones ante las Matemáticas de los estudiantes para Maestros de la Facultad de Educación de La Universidad de Extremadura. Comunicación presentada en el Grupo de Trabajo "Conocimiento y desarrollo profesional del profesor", en el XI SEIEM. *Simposio de Investigación y Educación Matemática*, celebrado en la Universidad de La Laguna los días 4 al 7 de Septiembre de 2007.

CABALLERO, A.; BLANCO, L. J. y GUERRERO, E. (2008). El dominio afectivo en futuros maestros de matemáticas en la universidad de Extremadura. *Paradigma,* 29(2), 157-171.

CAJARAVILLE, J.A.; FDEZ. BLANCO, Mª T.; LABRAÑA, P.A.; SALINAS, Mª. J.; DE LA TORRE, E. y VIDAL, E. (2003). *Avaliación do Currículo de Matemáticas no 2º Ciclo da E.S.O.,* I.C.E. Univ. de Santiago. Colec. Investigación Educativa, 14.

CALERO, J.; ESCARDÍBUL, J.O. y CHOI, Á. (2012). El fracaso escolar en la Europa mediterránea a través de pisa-2009: radiografía de una realidad latente. *Revista Española de Educación Comparada,* 19, 69-103.

CALLEJO, M. (2004). *Matemáticas para aprender a pensar. El papel de las creencias en la resolución de problemas.* Madrid. Narcea.

CALLEJO, M. y VILA, A. (2003). *Origen y formación de creencias sobre la resolución De poblemas: Estudio de un grupo de alumnos que comienzan la Educación Secundaria.* http:// www.ma.usb.ve/bol-amv/Vol10.html#numero.

CAMPOS, J. (2003). *Alfabetización emocional: un entrenamiento en las actitudes básicas.* Madrid. San Pablo.

CANALS, M. A. (2009). *Documentos de trabajo.* Valencia. SUMA.

CARBONERO, M. A. (2011). Elprofesor estratégico como favorecedor del clima de aula. *European journal of education and psychology,* 4(2), 133-142.

CARDENAL, V. y DÍAZ, J.F. (2000). Modificación de la autoestima y de la ansiedad por la aplicación de diferentes intervenciones terapéuticas en adolescentes. *Ansiedad y estrés,* 6 (2-3), 295-306.

CARMONA, J. (2004). Una revisión de las evidencias de fiabilidad y validez de los cuestionarios de actitudes hacia la estadística. *Statstics Education Research Journal,* 3(1), 5-28.

CARRELL, S. E.; PAGE, E. y WEST, J. E. (2009). Sex and science: How profesor gender perpetuates the gender gap. *The Quarterly Journal of Economics,* 125, 1101-1114.

CARROLL, S. (2010). *The relationship of math anxiety and mathematics comprehension in middle school students.* (Tesis doctoral). Walden University.

CASTELLÓ, M.J.; CODINA, R. y LÓPEZ, P. (2010). Cambiar las actitudes hacia las matemáticas resolviendo problemas. Una experiencia en Formación del Profesorado de Educación Primaria. *Revista Iberoamericana de Educación Matemática,* 22, 65-76.

CHIU, L. y HENRY, L. L. (1990). Development and Validation of the Mathematics Anxiety Scale for Children. *Measurement and Evaluation in Counseling and Development.,* 23 (3), 121-127.

COCKCROFT, W. H. (1982). *Mathematics Counts: Report of the Commission of Inquiry into the Teaching of Mathematics in Schools.* Her Majesty's Office. London.

COLÓN ROSA, H. (2012). *Actitudes de Estudiantes Universitarios que Tomaron Cursos Introductorios de Estadística y su Relación con el Éxito Académico en la Disciplina.* Puerto Rico. Facultad de Educación.

CONTRERAS, L.C. y BLANCO, L.J. (2002). *Aportaciones a la formación inicial de maestros en el área de matemáticas: Una mirada a la práctica docente.* Cáceres. Kadmos.

CORBALÁN, F. (1995). *La Matemática aplicada a la vida cotidiana.* Barcelona. Graó.

CRUISE, R. J. y WILKINS, E. M. (1980). *Statistical Anxiety Rating Scale.* Michigan. Andrew University.

D'AILLY, H. H. y BERGERING, A. J. (1992). Mathematics Anxiety and Mathematics Avoidance Behavior: A Validation Study of Two MARS Factor-Derived Scales. *Educational and Psychological Measurement,* 52, 369-377.

DARDER, P. y BISQUERRA, R. (2001). Las emociones en la vida y en la educación. Bases para la actuación docente. Temático nº 1 de *Escuela Española*. Madrid.

DARIAS, E. (2000). Cuestionario de actitudes hacia la estadistica. *Psicologemas,* 12 Sopl. (2), 175-178.

DARIAS, E. (2005).Cuestionario de actitudes hacia las matemáticas para alumnos de Tenerife. *Comunicación presentada al II Congreso Hispano-Portugués de Psicología.*

DE CORTE, E. y OP'T EYNDE, P. (2002). Knowing what to relieve: The relevante of students'mathematics beliefs for mathematics education. In B. K. Hofer y P. R. Pintrich (Eds.). Personal epistemology: *The psychology of beliefs about knowledge and knowing.* Mahwah, NJ. Lawrence Erlbaum Associates.

DEE, T.S. (2007). Teachers and the gender gaps in student achievement. *Journal of Human Resources,* 42, 528-554.

DELGADO, B.; INGLÉS, C.J. y GARCÍA-FERNÁNDEZ, J.M. (2013). La ansiedad social y el autoconcepto en la adolescencia. *Revista de Psicodidáctica,* 18(1), 179-195.

DE LA TORRE, E.; MATO, M. D. y RODRÍGUEZ, E. (2009). Ansiedade e rendemento en matemáticas. *Revista Galega do Ensino,* 53, 73-77.

DI MARTINO, P. y ZAN, R. (2001). Attitude toward mathematics: some theoretical issues.En *Proceeding of PME* 25, Utrecht, Paises Bajos, 3, 351-358.

DREGER, R. M. y AIKEN, L. R. (1957). The identification of number anxiety in a college population. *Journal of Educational Psychology,* 47, 344-351.

DSM-II. *Diagnostic and statistical manual of mental disorders* (2º Ed.). The committee on nomenclature and statistics Of the american psychiatric association. American Psychiatric Association. Washington, D. C. 20009.

DSM III-R (1987). *Diagnostic and statistical manual of mental disorders* (3a. Ed. Rev.). Washington, DC: American Psychiatric Association (trad. Española: Manual diagnóstico y estadístico de los trastornos mentales. Masson, 1988).

DSM IV (1994). *Diagnostic and statistical manual of mental disorders* (4ª. Ed.). Washington, DC: American Psychiatric Association (trad. Española: *Manual diagnóstico y estadístico de los trastornos mentales.* Masson, 1995).

DUTTON, W. A. (1951). Attitudes of prospective teachers toward mathematics. *Elementary School Journal,* 52, 84-90.

EAGLY, A. H. (1993). *The Psychology of Attitudes. Harcourt Brace College.* London. Publishers.

ECHEBURÚA, E. (1993). T*rastornos de ansiedad en la infancia.* Madrid. Pirámide.

EKMAN, P. y DAVIDSON, R. J. (1994). *The nature of emotion.* Oxford. Oxford University Press.

EMENALO, S. I. (1984). *Mathematics phobia: causes treatment and prevention.* Int. J. Math. Educ. Sci. Technol, 15, 4, 447-459.

ENZENSBERGER, H. M. (1997). Der Zahlenteufel. Ein Kopfkissenbuch für alle, die Augst vor der Mathematik haben. Munich-Viena. Tradución al Castellano de Carlos Fortea: *El Diablo de los Números.* Madrid. Siruela.

ERNEST P. (1994). What is social construtivism in the psychology of mathematics education? En J. Ponte y J. F. Matos. (Eds.) *Proceedings of the eigtheenth International Conferencie for PME.* Lisboa, 304-311.

ERTEKIN, E. (2010). Correlations between the mathematics teaching anxieties of preservice primary Education mathematics teacher and their beliefs about mathematics. *Educational Research and Reviews,* 5 (8), 446-454.

ESTRADA, A. (2002). Actitudes hacia la Estadística e instrumentos de evaluación. En *Actas de las Jornades Europees d'Estadística,* Palma de Mallorca, Instituto Balear de Estadística, 369-384.

ESTRADA, A. (2007). Actitudes hacia la estadística: Un estudio con profesores de Educación Primaria en formación y en ejercicio. En M. Camacho, P. Flores y P. Bolea (Eds.), *Investigación en Educación Matemática XI* (121-140). Tenerife. Sociedad Española de Investigación en Educación Matemática (SEIEM).

ESTRADA, A.; BATANERO, C y FORTUNY, J.M. (2003). Actitudes y Estadística en profesores en formación y en ejercicio. En: Edicións de la Universitat de Lleida Actas del 27 *Congreso Nacional de Estadística e Investigación Operativa.* Universidad de Lleida. CD ROM.

ETXANDI, R. (2007). Matemática en educación primaria: un intento de renovación de la práctica en el Aula. *Uno: Revista de didáctica de las matemáticas,* 45, 15-25

EVANS, J. (2000). *Adults' Mathematical thinking and emotions.* Falmer Press. Londres.

FEDON, J. P. (1958). The Role of Attitude in Learning Arithmetic. *The Arithmetic Teacher,* 5, 304-310.

FENNEMA, E. y SHERMAN, J. (1976). Fennema-Sherman Mathematics Attitudes Scales: Instruments Designed to Measure Attitudes Toward the Learning of Mathematics by Males and Females. *JSAS Catalog of Selected Documents in Psychology,* 6, 31. (Ms. No. 1225). Journal for Research in Mathematics Education, 7, 324-326.

FERNÁNDEZ BRAVO, J. A. (2000). *Técnicas creativas para la resolución de problemas matemáticos.* Barcelona. Ciss/Praxis.

FERNÁNDEZ BRAVO, J. A. (2003). *La Enseñanza de la matemática. Bases psicopedagógicas y fundamentos teóricos en la construcción del conocimiento matemático y la resolución de problemas.* Madrid. Editorial CCS.

FERNÁNDEZ BRAVO, J. A. Y SÁNCHEZ HUETE (2.003). *La Enseñanza de la matemática. Bases psicopedagógicas y fundamentos teóricos en la construcción del conocimiento matemático y la resolución de problemas.* Madrid. Editorial CCS.

FERNÁNDEZ, R. y AGUIRRE, C. (2010). Actitudes iniciales hacia las matemáticas de los alumnos de grado de magisterio de Educación Primaria: Estudio de una situación en el EEES. *Unión. Revista Iberoamericana de Educación Matemática*, 23, 107-116.

FERRANDO, P. J. y ANGUIANO, C. (2010). El análisis factorial como técnica de investigación en Psicología. *Papeles del Psicólogo*, 3 (1), 18-33.

FERRARI, J. y SCHER, S. (2002). Toward an understanding of academic and non academic tasks procrastinated by students: The use of daily logs. *Psychology in the Schools*, 37(4), 359-366.

FRARY, R. B. y LING, J. L. (1983). A factor analytic study of mathematics anxiety. *Educational and Psychological Measurement*, 43, 985-993.

FIERRO-HERNÁNDEZ, C. (2006). Valoración del impacto de un programa de educación en valores en el último curso de Educación Secundaria Obligatoria. *Revista de Educación*, 339, 455-466.

FLORES, P. (1998). Concepciones y creencias de los futuros profesores sobre las matemáticas, su enseñanza y aprendizaje. *Investigación durante las prácticas de enseñanza*. Granada. Comares.

FOTOPLES, R. (2000). *In My View. Overcoming Math Anxiety*. Kappa Delta Phi Record.

FRANK, M. L. y RICKARD, K. (1988). Psychology of the Scientist: LVIII: Anxiety about Research: An initial Examination of a Multidimensional Concept. *Psychological Report*, 62, 455-463.

FRENZEL, A. C.; PEKRUN, R. y GOETZ, T. (2007). Girls and mathematics - A "hopeless" issue? A control-value approach to gender differences in emotions towards mathematics. *European Journal of Psychology of Education*, 22, 497-514.

FURINGHETTI, F y MORSELLI, F. (2009). Every unsuccessful problem solver in unsuccessful in his or her own way: affective and cognitive factors in proving. En *Educational Studies in Mathematics*, 70, 71-90.

FURNER, J. M. y BERMAN, B. T. (2003). Math anxiety: Overcoming a major obstacle to the improvement of student math performance. *Childhood Education*, 79. Recuperado de http://www.questia.com.

GAIRÍN, J. (1990). *Las actitudes en educación. Un estudio sobre la educación matemática*. Barcelona. Boixareu Universitaria.

GAL, I. (2002). Adult's statistical literacy. Meanings, components, responsibilities. *International Statistical Revie* 70 (1), 1-25.

GALLEGO, R, (2000). Los problemas de las competencias cognoscitivas. Una discusión necesaria. Santafé de Bogotá. Universidad Pedagógica Nacional.

GARCÍA, A. (2000). *Matemática emocional. Los afectos en el aprendizaje matemático*. Madrid. Narcea.

GARDNER, R. C. (2001). Psychological Statistics Using SPSS for Windows. Upper Saddle River, NJ: Prentice Hall. [Trad. Esp. (2003): Estadística para Pssicología usando SPSS para Windows. *Naucalpan de Juárez*, Edo. De México. Pearson Education/ Prentice Hall.

GARGALLO, B.; PÉREZ, C.; SERRA, B; SÁNCHEZ, F. y ROS, I. (2007). Actitudes ante el aprendizaje y rendimiento académico en los estudiantes universitarios. *Revista Iberoamericana de Educación.* 42 (1), 6.

GARCÍA, M. y ROMERO, I. (2009). Influencia de las Nuevas Tecnologías en la Evolución del Aprendizaje y las Actitudes Matemáticas de Estudiantes de Secundaria. *Electronic Journal of Research in Educational.* 7 (1), 369-396.

Gil, N. (2003). *Creencias, actitudes y emociones en el aprendizaje matemático.* Memoria de Proyecto de Investigación para la obtención del DEA. Departamento de Psicología y Sociología de la Educación. Universidad de Extremadura.

GIL, N.; BLANCO, L. J. y GUERRERO, E. (2005). El dominio afectivo en el aprendizaje de las Matemáticas. Una revisión de sus descriptores básicos. *Revista Iberoamericana de educación matemática,* 2, 15-32.

GIL, N. BLANCO, L. y GUERRERO, E. (2006). El dominio afectivo en el aprendizaje de las Matemáticas. *Revista Electrónica de Investigación Psicoeducativa,* 4, 47-72.

GLEASON, J. (2007). Relationships between Preservice Elementary Teachers' Mathematics Anxiety and Content Knowledge for Teaching. *Journal of Mathematical Sciences & mathematics Education,* 3(1), 39-47.

GODINO, J. D. (2002). *La formación Matemática y didáctica de maestroscomo campo de acción e investigación para la didáctica de las Matemáticas: El proyecto Edumat-Maestros.* http://www.ugr.es/~jgodino/edumat-maestros/descripción. pdf.

GOLBACH, M. (2004). *Estudio diagnóstico sobre algunos aspectos de la estructura cognitiva en alumnos ingresantes a la Facultad de Ciencias Económicas.* http://www.fceco. uner.edu.ar/cpn/catedras/matem1/educmat/em14g.doc.

GOLEMAN, D. (1998). *Inteligencia emocional.* Barcelona. Kairós.

GÓMEZ CHACÓN, I. M. (1997). La alfabetización emocional en educación matemática: actitudes, emociones y creencias. *Revista de Didáctica de las Matemáticas UNO,* 13, 7-22.

GÓMEZ CHACÓN, I. M. (1998). Una metodología cualitativa para el estudio de las influencias afectivas en el conocimiento de las matemáticas. Enseñanza de las Ciencias. *Revista de investigación y experiencias didácticas.* Barcelona. ICE de la Universidad Autónoma de Barcelona, 431-450.

GÓMEZ CHACÓN, I. M. (2000). *Matemática emocional. Los afectos en el aprendizaje matemático.* Madrid. Narcea.

GÓMEZ CHACÓN, I. M. (2002). *Cuestiones afectivas en la enseñanza de las matemáticas: Una perspectiva para el profesor.* En L.C. Contreras e L.J. Blanco (Eds), Aportaciones a la formación inicial de maestros en el área de matemáticas: Una mirada a la práctica docente (23-58) Cáceres. Universidad de Extremadura.

GÓMEZ CHACÓN, I. M. (2003). La Tarea Intelectual en Matemáticas. Afecto, Meta-afecto y los Sistemas de Creencias. *Boletín de la Asociación Matemática Venezolana,* X, 2.

GÓMEZ CHACÓN, I. M. (2005). Creencias sobre el rol y el funcionamiento del profesor. Estudio en alumnos de Secundaria. *Enseñanza de las Ciencias. Revista de investigación y experiencias didácticas,* 1-18.

GÓMEZ CHACÓN, I. M. (2006). Creencias de los estudiantes de matemáticas. La influencia del contexto de clase. *Enseñanza de las Ciencias,* 24, 309, 324.

GÓMEZ CHACÓN, I. M. (2007). Sistema de creencias sobre las matemáticas en alumnos de secundaria Creencias. *Revista Complutense de Educación,* 18,125-143.

GONSKE, T. L. (2002). *Relationships among mathematics anxiety, beliefs about the nature of mathematics and the learning of mathematics, and students´ learning approaches in non-traditional.* (Tesis doctoral). Greeley. University of Northern Colorado.

GONZÁLEZ ORDI, H. y TOBAL, J. J. (2001). La sugestionabilidad como variable moduladora en la imaginación de escenas ansiógenas. *Ansiedad y Estrés,* 7 (1), 89-110.

GONZÁLEZ-PIENDA, J.A.; NÚÑEZ, J.C.; GONZÁLEZ-PUMARIEGA, S.; ÁLVAREZ, L.; ROCES, C., y GARCÍA, M. (2002). A structural equation model of parental Involvement, motivational and aptitudinal characteristics, and academic Achievement. *The Journal of Experimental Education,* 70(3), 257-287.

GONZÁLEZ-PIENDA, J.A. y NÚÑEZ, J.C. (2005). La implicación de los padres Y su incidencia en el rendimiento de los hijos. *Revista de Psicología y Educación,* 1(1), 115-134.

GOUTH, M. F. (1954). Mathemaphobia: Causes and treatments. *Clearing House,* 28, 290-294.

GREENWOOD, J. (1984). My Anxieties abouth Math Anxiety. *Mathematics Teacher,* 77, 662-663.

GRESHAM, G. (2004) Mathematics Anxiety in elementary students, CMC. *Communicator,* 29(2) 28-29.

GRESHAM, G. (2010). A study exploring excepcional education preservice teacher mathematics anxiety. IUMPST: *The Journal. 4* (Curriculum).

GUERRERO, E.; BLANCO, L. J. y CASTRO, F. (2001). Trastornos emocionales ante la educación matemática. En García, J.N. (Coor.), Aplicaciones de Intervención Psicopedagógica. *Pirámide,* 229-237.

GUERRERO, E.; BLANCO, L. J. y VICENTE, F. (2002). Trastornos emocionales ante la educación matemática. En J. N. García (Coord.) *Aplicaciones a la Intervención Psicopedagógic*a, 567-590.

GUERRERO, E.; BLANCO, L. y GIL, N. (2006). El papel de la afectividad en la resolución de problemas matemáticos. *Revista de Educación,* 340, 551-569.

GUTIERREZ CALVO, M. (1996). Ansiedad y deterioro cognitivo: incidencia en el rendimiento académico. *Ansiedad y Estrés,* 2(2-3), 173-194.

GUZMÁN, M. de, (1990). *Enseñanza de las Ciencias y la Matemática.*

Organización de Estados Iberoamericanos.Para la Educación, la Ciencia y la Cultura.

HADFIELD, O. D.; MARTIN, J. V. y WOODEN, S. (1992). Mathematics Anxiety and Learning Style of the Navajo Middle School Student. *School Science and Mathematics*, 92, 171-176.

HALMOS, P. R. (1991). ¿Qué es un matemático? *Epsilon*, 20, 33-40.

HANCOCK, D. (2001). Effects of Test Anxiety and Evaluative Threat on Students' Achievement and Motivation. *Journal of Educational Research*, 94(5), 284-90.

HANNULA, M. (2002). Attitude toward mathematics: emotions, expectations and values. *Educational Studies in Mathematics*, 49, 25-46.

HARDING, G. y TERRELL, S. (2006). *Strategies for Alleviating Math Anxiety in the Visual Learner*. http://polaris.umuc.edu/ctl-content/webtycho/math/plan4.pdf.

HART, L.C. (1989). Describing the affective domain: saying what we mean. En D. B. McLeod y V. M. Adams (Eds.), *Affect and mathematical problem solving: A new perspective*. New York. Springer-Verlag., 22-38.

HEMBREE, R. (1990). The Nature, Effects, and Relief of Mathematics Anxiety. *Journal for Research in Mathematics Education*, 21, 33-46.

HEMMINGS, B.; GROOTEMBOER, P. y KAY, R. (2011). Predicting mathematics acheviement. The influence of prior achievement and attitudes. *International Jounal of Sciencia and Mathematics Education*, 9, 691-705.

HERNÁNDEZ, J.; PALAREA, M. M. y SOCAS, M. M. (2001). Análisis de las concepciones, creencias y actitudes hacia las Matemáticas de los alumnos que comienzan la Diplomatura de Maestro. El papel de los materiales didácticos. En Socas, M.: Camacho,M. y Morales, A. *Formación del profesorado e investigación en educación matemática II* (115-124). Departamento de Análisis matemático. Universidad de la Laguna.

HIDALGO, S.; MAROTO, A. y PALACIOS, A. (2004). ¿Porqué se rechazan las matemáticas. Análisis evolutivo y multivariante de actitudes relevantes hacia las matemáticas. *Revista de Educación*, 334, 75-95.

HIDALGO, A.; MAROTO, A. y PALACIOS, A. (2005). El perfil emocional matemático como predictor de rechazo escolar: una relación con las destrezas y conocimientos desde una perspectiva evaluativa. *Educación Matemática* 17, 86-116.

HILTON, P. (1989). Muchos profesores transmiten a los niños su propio odio a las matemáticas. *El País*. Sociedad, 30, 15 mayo.

HOFFLICH, A.; HUGHES, A., y KENDALL, P. (2006). Somatic complaints and Childhood anxiety disorders. *International Journal of Clinical and Health Psychology*, 6, 229-242.

HOPKO, D. R.; MAHADEVAN, R.; BARE, R. L. y HUNT, M. K. (2003). The Abbreviated Math Anxiety Scale (AMAS). Construction, Validity, and Reliability. *Assessment*, 10, 2, 178-182.

HOYLES, C. (1991). What Pupils Say About It. In D. Pimm y E. Love (eds.) *Teaching and Learning School Mathematics*, 56-58. London. Hodder y Stoughton.

HUGHES, J. N. y KWOK, O. (2006). Classroom engagement mediates the effect of teacherstudent-support on elementary students peer accptance: A prospective analysis. *Journal of School Psychology*, 43, 465-680.

HYSON, M.; BIGGAR, H. y MORRIS, C. (2009). Quality Improvement in Early Childhood Teacher Education: Faculty Perspectives and Recommendations for the Future. En *Early Childhood Research and Practice*,11 (1).

http://ecrp.uiuc.edu/v11n1/hyson.html

IMMORDINO-YANG, M. H. y DAMASIO, A. (2007): We Feel, Therefore We Learn: The Relevance of Affective and Social Neuroscience to Education. *Mind, Brain, and Education* 1 (1), 3-10.

INECSE (2001). *Evaluación de la educación secundaria obligatoria 2000: datos básicos.* Madrid. MEC.

IMBERNÓN, F. (2005). ¿Qué formación permanente? *Cuadernos de Pedagogía*, 348, 70-73.

IOSSI, L. (2007). Strategies for reducing math anxiety in post-secondary students. *Proceedings of the Sixth Annual College of Education Research Conference: Urban and International Education Section.* Miami. Florida International University, 30-35.

IRESON, J. (2004). Private Tutoring: How Prevalent and Effective is it? *Review of Education*, 2(2), 109-122.

JACKSON, E. (2008). Mathematics Anxiety in student teachers. *Practitioner Research in Higher University Of Cumbria*, 2(1), 36-42.

KARASEL, N.; AYDA, O. y TEZER, M. (2010). The relationship between mathematics anxiety and mathematical problem solving skills among primary school students. *Procedia Social and Behavioral Sciences*, 2, 5804-5807.

KARP, K. S. (1991). Elementary School Teachers Attitudes towards Mathematics: The Impact on Students Autonomous Learning Skills. *School Science and Mathematics*, 91, 265-270.

KAZELSKIS, R. (2000). Mathematics Anxiety and Test Anxiety: Separate constructs? *Journal of Experimental Education*, 68 (2), 137-146.

KAZELSKIS, R. y REEVES, C. (2002). The Fennena-Sherman Mathematics Anxiety Scale: An exploratory factor analysis. Research in the Schools. *Spring*, 9 (1), 61-64.

KELLY, W. P. y TOMHAVE, W. K. (1985). A Study of Math Anxiety/Math Avoidance in Preservice Elementary Teachers. *Arithmetic Teacher,* 32, 51-53.

KENDALL, P. C. e INGRAN, R. (1987). The future for the cognitive assessment of anxiety: Let's get sècofoc- En L. Michelson y L.M. Ascher (Eds.). *Anxiety and stress disorders: Cognitive-behavioral assessment and treatment.* Nueva York. Guilford.

KESICI, S. y ERDOGAN, A. (2009). Predicting college students' mathematics anxiety by motivational beliefs and self-regulated learning strategies. *College Student Journal* 43(2), 631-642.

LAZARUS, M. (1974) Mathophobia: Some personal speculations. *The National Elementary Principal*, 53, 16-22.

LEDER, G. y FORGASZ, H.J. (2006). En A. Gutiérrez y P. Boero (eds.), *Handbook of Reseach on the Psychology of Mathematics Education.Past, Present and Future*, Nueva York. Sense Publishers, 403-427.

LEEDY, M. G.; LALONDE, D. y RUNK, K. (2003). Gender equity in mathematics: beliefs of student, parents and teacher. *School Science and Mathematics*, 103(6),285-292.

LEWIS, A. (1970). The ambiguous word "anxiety". *International Journal of Psychiatry*, 9, 62-79.

LINN, M. C. (1992). Gender Differences in Educational Achievement. *Sex Equity in Educational Opportunity, Achievement, and Testing*. Proceedings of the 1991 Invitational Conference of the Educational Testing Service, Princeton, N.J.

LLABRE, M. M. (1985). Predictg Math Anxiety and Course Performance in College Women and Men. *Journal of Counseling Psychology*, 32, 283-287.

LUENGO, R. y GONZÁLEZ, J. J. (2005). Relación entre los estilos de aprendizaje, el rendimiento en matemáticas y la elección de asignaturas optativas en alumnos de E.S.O., *Relieve. Revista ELectrónica de Investigación y Evaluación Educativa*, 11(2).

MA, X. (1999). A meta-analysis of the relationship between anxiety toward mathematics and achievement in mathematics. *Journal for Research in Mathematics Education*. 30(5), 520-540.

MaCCOBY, E. y JACKLIN, C. N. (1974). *The Psychology of Sex Differences*. California. Stanford University Press.

MAGALHAES, A. (2007). *Ansiedade face aos Testes, Género e Rendimento Académico: um estudo no Ensino Básico*. Tese de mestrado, Faculdade de Psicologia e Ciências da Educação, Universidade do Minho.

MALINSKY, M.; ROSS, A.; PANNELLS, T. y MCJUNKIN, M. (2006). Math anxiety in preservice elementary school teachers. *Education*, 127(2), 274-279.

MALVA, A.; ROGIANO, C.; ROLDÁN, G. y BANCHIK, M. (2008). Fortaleciendo las habilidades matemáticas de los alumnos ingresantes desde los entornos virtuales. *Revista Premisa*, 39. www. soarem. org. ar/Documentos/39% 20Alberto. Pdf.

MANDLER, G. (1984). *Mind and body: Psychology of emotion and stress*. New York. Norton.

MANDLER, G. (1989). Affect and learning: Causes and consequences of emotional interactions. En D. B. McLeod y V. M. Adams (Eds), Affect and mathematical problem solving. *A new perspective. Springer-Verlag*, New York, 3-19.

MANDLER, J.M. (1990). Recall of events by preverbal infants. In A. Diamond (Ed.),

The development and neural bases of higher cognitive functions. *Annals of the New York Academy of Sciences*, 608, 485-516.

MARCHESI, A.; COLL, C. y PALACIOS, J. (1990). Desarrollo Psicológico y educación. *Necesidades educativas especiales y aprendizaje escolar.* Madrid. Alianza Editorial.

MARCHESI, A. y HERNÁNDEZ, C. (Coords.) (2003). *El fracaso escolar. Una perspectiva international.* Madrid. Alianza.

MARSHALL, G. (2000). *Explaining mathematics anxiety in college students. A research project.* The Mathematics Educator.

MARTÍNEZ C, RÚA, A.; REDONDO, R; FABRA M. A.; NUÑEZ, A y MARTÍN, M. J. (2010). Influencia del Nivel Educativo de los Padres en el Rendimiento Académico de los Estudiantes de ADE. Un Enfoque de Género. *Investigaciones de Economía de la Educación*, 5, 1273-1294.

MARTÍNEZ PADRÓN, O. J. (2003). *El dominio afectivo en la Educación Matemática: Aspectos teóricos-referenciales a la luz de los Encuentro Edumáticos.* Turmero. Universidad Pedagógica Experimental Libertador.

MARTÍNEZ PADRÓN, O. J. (2005). Dominio afectivo en Educación Matemática. *Paradigma*, XXIV (2), 7-34.

MARTÍNEZ PADRÓN, O. J. (2008). Actitudes hacia la matemática. *Sapiens*, 9(1), 237-256.

MARTÍNEZ PADRÓN, O. J. (2011). *El afecto en el aprendizaje de la Matemática.* Documento del Curso Iberoamericano de Formación Permanente de Profesores de Matemática, Centro de Altos Estudios Universitario. Organización de Estados Iberoamericanos.

MATO, M. D. (2006). *Diseño y validación de dos cuestionarios para evaluar las actitudes y la ansiedad hacia las Matemáticas en alumnos de Educación Secundaria Obligatoria.* Tesis inédita. Universidade da Coruña.

MATO, M. D. (2010a). Prensa e fraccións. *V Congreso de Agapema* Ferrol (A Coruña). Entidade organizadora. Agapema.

MATO, M. D. (2010b). Mejorar las actitudes hacia las matemáticas. Revista Galego-*Portuguesa de Psicoloxía e Educación*, 19-32.

MATO, M. D. (2010c). O interese dos proxectos na Escola Infantil. *Revista Galega do Ensino Eduga*, 58.

MATO M. D. y MUÑOZ J. M. (2008). Análisis de las actitudes respecto a las matemáticas en alumnos de ESO. *Revista de Investigación Educativa*, 26(1), 209-226.

MATO M. D. y MUÑOZ J. M. (2010). Efectos generales de las variables actitud y ansiedad sobre el rendimiento en matemáticas en alumnos de educación segundaria obligatoria. Implicaciones para la práctica educativa. *Ciencias Psicológicas*, 4(1),27-40.

MATO, M. D. y DE LA TORRE (2010). Evaluación de las actitudes hacia las matemáticas y el rendimiento académico. *PNA*, 5(1), 197-208.

MATO, M. D. y DE LA TORRE (2011). Repercusión del Espacio Europeo de Educación Superior en la formación matemática del profesorado de Educación Infantil. *La Gaceta de la RSME*, 14, 1, 1-13.

MATO, M. D; CHAO, R.; ESPIÑEIRA, E. y REBOLLO, N. (2013). O papel dos factores afectivos cara as matemáticas en educación primaria. *Revista galego-portuguesa de psicoloxía e educación*, 21(1), 111-124.

MATO, M. D.; ESPIÑEIRA, E. y CHAO, R. (2014). Dimensión afectiva hacia la matemática: Resultados de un análisis en Educación Primaria. *Revista de Investigación Educativa*, 32(1), 57-72.

MAYER, J. D. y SALOVEY, P. (1997). What is emotional intelligence? En P. Salovey y D. Sluyter (Eds). *Emotional Development and Emotional Intelligence: Implications for Educators*. New York. Basic Books.

MAYER, J. D.; SALOVEY, P. y CARUSO, D. R. (2002) *Mayer-Salovey-Caruso Emotional Intelligence Test (MSCEIT) Item Booklet*. Toronto, Canada. MHS Publishers.

McCONEGHY, J. I. (1985). *Gender Differences in Mathematics Attitudes and Achievement*. Ponencia no publicada presentada en el Congreso de Investigación de la mujer de Kalamazoo. Michigan.

McCONEGHY, J. I. (1987). *Mathematics Attitudes and Achievement: Gender Differences in a Multivariate Context*. Ponencia no publicada presentada en el Congreso del AERA, Washington.

MCLEOD, D. B. (1989). *Beliefs, attitudes, and emotions: new view of affect in mathematics education*. En D. B. McLeod y V.M. Adams (Eds.), affect and Mathematical Problem Solving: A New Perspective (245-258). New York. Springer-Verlang.

MCLEOD, D. B. (1992). Research on affect in mathematics education: A reconceptualization. *Handbook of Research on Mathematics Teaching and Learning*, 575-596.

McLEOD, D. B. (1993). *Research on Affect and Mathematics Education: A Reconceptualisation*. En D. A. Grouws (Ed.) Handbook of Research on Mathematics Teaching and Learning, Macmillan Publishing Co., London, 575-596.

M.E.C. (2007). Programa para la Evaluación Internacional de Alumnos de la OCDE. Informe Español. *Secretaría General Técnica Subdirección General de Información y Publicaciones*.

MINISTERIO DE EDUCACIÓN CULTURA Y DEPORTE (2012). *Datos y Cifras* curso escolar 2010/2011. Madrid. MECD.

MEECE, J. L.; WIGFIELD, A. y ECCLES, J. S. (1990). Predictors of Math Anxiety and Its Influence on Young Adolescents' Course Enrolment Intentions and Performance in Mathematics. *Jounal of Educational Psychology*, 82, 60-70.

MICHAELS, L. A. y FORSYTH, R. A. (1977). Construction and Validation of an Instrument Measuring Certain Attitudes toward Mathematics. *Educational and*

Psychological Measurement, 37, 1043-1049.

MINATO, S. y YANESE, S. (1984). On the Relationship between Students Attitudes toward School Mathematics and Their Level of Intelligence. *Educational Studies in Mathematics*, 15, 313-320.

MIÑANO, P. y CASTEJÓN, J.L. (2008). Capacidad predictiva de las variables cognitivo-motivacionales sobre el rendimiento académico. *Revista Electrónica de Motivación y Emoción*, 11, 1-13.

MORALES, P. (2003). *Medición de actitudes en psicología y educación* (3a ed.). Madrid. Universidad Pontificia Comillas.

MORALES, P. (2006). *Medición de las actitudes en Psicología y Educación. Construcción de cuestionarios y problemas metodológicos* (3ª Ed.). Madrid.Universidad Pontificia Comillas Ortega Ediciones.

MORENO, R. y MARTÍNEZ, R. (2008). Adaptación española de la escala de relación profesor-alumno (STRS) de Pianta. *Psicología de la Educación*, 14 (1), 11-27.

MORENO, R. (2010). *Estilos de apego en el profesorado y percepción de sus relaciones con el alumnado.* Tesis doctoral publicada. Universidad Complutense de Madrid. http://eprints.ucm.es/11580/1/T32256.pdf.

MORRIS, L. (1991). *Studies in Mathematics Education*, 2, París. Unesco.

MUÑOZ, J. M. y MATO, M. D. (2006). Diseño y validación en un cuestionario para medir las actitudes hacia las matemáticas en alumnos de ESO. *Revista galego-portuguesa de psicoloxía e educación*, 13, 413-424.

MUÑOZ, J. M. y MATO, M. D. (2007). Elaboración y estructura factorial de un cuestionario para medir la ansiedad hacia las matemáticas en alumnos de Educación Secundaria Obligatoria. *Revista Galego-Portuguesa de Psicoloxía e Educación*, 14 (11), 221-231.

MUÑOZ, J. M.; MATO, M. D. y De La TORRE, E. (2007). *La influencia de la profesión de los padres en las actitudes hacia las matemáticas en alumnos de Educación Secundaria Obligatoria.* IX Congreso internacional galego-portugués de psicopedagoxía. A Coruña, (España).

MUÑOZ, J. M. y MATO, M. D. (2008). Análisis de las actitudes respecto a las matemáticas en alumnos de ESO. *Revista de Investigación Educativa*, 26(1), 209-226.

MUÑOZ, J. M. y MATO, M. D. (2014). El proyecto docente en la Universidad Española según el EEES. *Calidad en la educación,* 40, 320-334

MURILLO TORRECILLA, F. J. y HERNÁNDEZ CASTILLA, R. (2011). Efectos escolares de factores socio-afectivos. Un estudio Multinivel para Iberoamérica. *Revista de Investigación Educativa*, 29 (2), 407-427.

N.C.T.M. (National Council of Teachers of Mathematics) (1989). *Curriculum and Evaluation Standars for School Mathematics.* Reston, Va. NCTM. (Traducido al castellano por la Sociedad Andaluza para la Educación Matemática "THALES". (1991). Estándares

Curriculares y de Evaluación para la Educación Matemática. Sevilla. SAEM 'Thales').

NCTM (National Council of Teachers of Mathematics). (2000). *Principles and Standard for School Mathematics*. http://Standard.nctm.org.

N.C.T.M. (National Council of Teachers of Mathematics). (2003). *Principios y Estándares para la educación matemática*. Sevilla. S.A.E.M. "Thales".

NIEDERLE, M. y VESTERLUND, L. (2009). Explaining the gender gap in math test scores: The role of competition. *The Journal of Economic Perspectives*, 24, 129-144.

NORUSIS, M. J. (2008). *SPSS 16.0 Advanced statistical procedures companion*. Upper Saddle River, NJ: Prentice Hall.

NORWOOD, K. S. (1994). The Effect of Instructional Approach on Mathematics Anxiety and Achievement. *School Science and Mathematics*, 94, 248-254.

NÚÑEZ, J. C.; GONZÁLEZ-PIENDA, J. A.; ÁLVAREZ, D.; GONZÁLEZ-CASTRO, P.; GONZÁLEZ-PUMARIEGA, J y ROCES, A. (2005). *Las actitudes hacia las matemáticas: perspectiva evolutiva*. En Actas do VIII Congreso Galaico-Portugués de Psicopedagoxía, 2389-2396.

OCDE (2010). PISA 2009 Results: Overcoming Social Background: Equity in Learning Opportunities and Outcomes (Volume II), *OECD*, Paris.

OCDE (2012). PISA 2009 Technical Report, PISA *OECD*, Publishing.

ONWUEGBUZIE, A. J. (2003). Modeling statistics achievement among graduate students. *Educational and Psychological measurement*, 63 (6), 1020-1038.

ONWUEGBUZIE, A. (2004). *Academic procrastination and statistics anxiety. Assessment & Evaluation in Higher Education*, 29(1), 3-19.

OPT'EYNDE,; DeCORTE, E. y VERSCHAFFEL, L. (2006). Accepting emotional complexity:a socio-constructivist perspective on the role of emotions in the mathematics classroom. *Educational Studies in Mathematics*, 63, 193-207.

OSKAMP, S. (1991). *Attitudes and opinions*. New Jersey. Prentice-Hall.

OTERO, M. R. (2006). Emociones, sentimientos y razonamientos en Didácticasde las Ciencias. *Revista Electrónica de Investigación en Educación en Ciencias*, 1(1), 24-53.

PAENZA, A. (2011). *Cómo, esto también es matemática?* América Latina sudamericana Random House Mondadori. (RANDOM HOUSE MONDADORI).

PAJARES, M. F. (1992). Teacher's beliefs and educational research: cleaning unp a messy contruct. *Review of Educational Research*, 62 (3), 307-332.

PARRA, J. M. (2009). La evolución de la enseñanza Primaria y del trabajo Escolar en nuestro pasado Histórico reciente. *Tendencias Pedagógicas*, 14, 145-158.

PASTOR RAMOS, G. (1983). *Conducta interpersonal. Ensayo de Psicología Social Sistemática*. Salamanca. Universidad Pontificia de Salamanca.

PEKER, M. (2009). The use of expanded microteaching for reducing preservice theachers'theaching anxiety about mathematics. *Scientific Research and Essay*, 4(9), 872-

880.

PERALBO, M. y BARCA, A. (2003). El fracaso escolar ¿cómo argumento? *Revista Galego-Portuguesa de Psicoloxía e Educación*, 7, 127-158.

PÉREZ, S. y GUILLÉN, G. (2007). Estudio exploratorio sobre creencias y concepciones de profesores de secundaria en relación con la geometría y su enseñanza a través de diversos enfoques. Utilización de un curso taller como técnica para la obtención de datos. En M.J. González, M.T. González; J. Murillo (eds.). *Investigación en Educación Matemática. Comunicación de los Grupos de Investigación. XIII Simposio de la SEIEM.*

PÉREZ-TYTECA, P.; CASTRO, E.; SEGOVIA, I.; CASTRO, E.; FERNÁNDEZ, F. y CANO, F. (2009). El papel de la Ansiedad matemática en el paso de la educación secundaria a la educación universitaria. *PNA*, 4(1), 23-35.

PERRENOUD, P. (2000). *Construire des compétences dans l´école*. ESF. París (3º edición).

PIAGET, J. (1970). *El juicio y el razonamiento en el niño*. Buenos Aires. Guadalupe

PIANTA, R. C.; HAMRE, B. y STUHLMAN, M. W. (2003). Relationships between teachers and children. En W. Reynolds and G. Miller (Eds.), Comprehensive handbook of psychology (7) *Educational psychology*, 199-234. Hoboken, NJ. Wiley.

PIANTA, R. C. y STUHLMAN, M. W. (2004). Teacher–child relationships and children's success in the first years of school. *School Psychology Review*, 33, 444-458.

PLAKE, B. S. y PARKER, C. S. (1982). The development and validation of a revised version of the Mathematics Anxiety Rating Scale. *Educational and Psychological Measurement*, 42, 551-557.

PLANAS, N. (2001). *Obstacles en láprenentatge matemátic: La diversitat dínterpretations de la norma*. Tesis Doctoral. Barcelona. Uiversitat Autónoma de Barcelona.

PONTE, J. P. (1999). Las creencias y concepciones de maestros Como un tema fundamental en la formación de maestros. Universidad de Lisboa, Portugal1 Artículo publicado en In K. Krainer & F. Goffree (Eds.) (1999), on research in teacher education: From a study of teaching practices to issues in teacher education, 43-50. *Osnabrück: Forschungsintitut für Mathematikdidaktik*. Traducción (resumida) de Casimira López.

POZO, L. (2006). Convergencia europea: la experiencia piloto en el primer Curso de Matemáticas en la UCM", en *Actas de la I Jornadas nacionales de Intercambio de experiencias piloto de implantación de metodologías, ects*, Badajoz, del 13 al 15 de septiembre.

PRETORIUS, T. B. Y NORMAN, A. M. (1992). Psychometric Data on the Satistics Anxiety Scale for a Sample of South African Students. *Educational and Psychological Measurement*, 52, 933-937.

PUTEH, M. (2002). *Qualitative research approach to fators associated with Mathematics Anxiety*. The 3º international conference of Mathematicas Education and Society . Helsingor. Denmark.

RAYNER, V.; PITSOLANTIS, N. y OSANA, H. (2009)Mathematics Anxiety in Preservice Teachers: Its Relationship to their Conceptual and Procedural Knowledge of

Fractions. *Mathematics Education Research Journal* 2009, 21(3), 60-85.

RAMÍREZ, M. J. (2005). Actitudes hacia las matemáticas y rendimiento académico entre estudiantes de octavo básico. *Estudios pedagógicos*, 31 (1), 97-112.

RAYNER, V. (2009). Mathematics Anxiety in Preservice Teachers: Its Relationship to their Conceptual and Procedural Knowledge of Fractions. *Mathematics Education Research Journal* 21, (3), 60-85.

RESNICK, H.; VIEHE, J. y SEGAL, S. (1982). Is Math Anxiety a Local Phenomenon? *A Study of Prevalence and Dimensionality. Journal of Counseling Psychology*, 29, 39-47.

REYES, L. H. (1984). Affective Variables and Mathematics Education. *Elementary School Journal*, 84, 558-581.

RICHARDSON, F. C. y SUINN, R. M. (1972). The Mathematics Anxiety Rating Scale: Psychometric data. *Journal of CounselingPsychology*, 19, 551-554.

RICHARDSON, F. C. y SUINN, R. M. (1973). A comparison of traditional systematic desensitization, accelerated mass desensitization, and anxiety management training in the treatment of mathematics anxiety. *Behaviour Therapy*, 4, 212-218.

RICO, L. (2005). Valores educativos y calidad en la enseñanza de las matemáticas. En J. M. Martínez (Ed.) *Matemáticas, Investigación y Educación. Un homenaje a Miguel de Guzmán*, (158-180). Madrid. Universidad Complutense de Madrid.

ROBERTS, D. M. Y BILDERBACK, E. W. (1980). Reliability and Validity of a Statistics Attitude toward Statistics. *Educational and Psychological Measurement*, 40, 235-238.

RODRÍGUEZ, L. (2013). Mujeres y superdotación, en MATO, CHAO Y SUÁREZ (2013). *Las mujeres en las artes y en las ciencias. Reflexiones y testimonios*. A Coruña. UDC.

ROKEACH, M. (1968). *Beliefs, Attitudes, and Values*. San Francisco. Jossey- Bass.

ROSÁRIO, P., y SOARES, S. (2004). Questionário de Ansiedade face aos Testes (QAT). En Leandro, A., Simões, M., Machado, C., y Gonçalves, M. (Eds.). *Avaliação Psicológica: Instrumentos validados para a população Portuguesa*, II, 39-51. Coímbra. Quarteto Editora.

ROSÁRIO, P.; MOURÃO, R.; NÚÑEZ, J.C.; GONZÁLEZ-PIENDA, J.A.; SOLANO, P., y VALLE, A. (2007). Eficacia de un programa instruccional para la mejora De procesos y estrategias de aprendizaje en la enseñanza superior. *Psicothema*, 19(3), 353-358.

ROSÁRIO, P.; NÚÑEZ, J.C.; SALGADO, A.; GONZÁLEZ-PIENDA, J. L.;VALLE, A.; JOLY, C. y BERNARDO, A. (2008). Ansiedad ante los exámenes: relación con variables personales y familiares. *Revista Psicothema*, 20(4), 563-570.

ROTY, M. D. (2008). *The Relationship between Mathematics Anxiety and Emotional Intelligence*. (Tesis doctoral). Northcentral University, Prescot Valley.

ROUNDS, J. B. y HENDEL, D. D. (1980). Measurement and dimensionality of mathematics anxiety. *Journal of Counseling Psychology*, 27, 139-149.

RUSSELL, B. (1985). *Introducción a la filosofía matemática*. Madrid. Paidos.

SÁNCHEZ, J.; SEGOVIA, I. y MIÑÁN. (2011). Exploración de la ansiedad hacia las matemáticas en los futuros maestros de Educación Primaria. *Revista de currículum y formación de profesorado*, 15(3), 293-309.

SALAZAR, N.; LÓPEZ, L. y ROMERO, M.A. (2010). Influencia familiar en el rendimiento escolar en niños de primaria. *Revista Científica Electrónica de Psicología*, 9, 137-166.

SÁNCHEZ, A. (2008). Efectos de la inmigración en el sistema educativo: el caso español. Tesis doctoral, Universidad de Barcelona.

SÁNCHEZ, J.; SEGOVIA, I. y MIÑÁN, A. (2011). Exploración de la ansiedad hacia las matemáticas en los futuros maestros de Educación Primaria. Profesorado. *Revista de currículum y formación del profesorado*, 15(3), 297-312.

SANDMAN, R. S. (1980). The Mathematics Attitude Inventory: Instrument and User's Manual. *Journal for Research in Mathematics Education*, 11, 148-149.

SANTILLÁN CAMPOS, F. (2006). El aprendizaje basado en problemas como propuesta educativa para las disciplinas económicas y sociales apoyadas en el B-Learning. *Revista Iberoamericana de Educación*, 40(2), 1-5.

SARASON, I. G. (1972). Experimental approaches to test anxiety: Attention and the uses of information. En C. D. Spielberger (Ed.), *Anxiety: Curent trends in theory and research*, 2, 381-403. New York. Academic Press.

SCHER, S. y OSTERMAN, N. (2002). Procrastination, conscientiousness, anxiety, and goals: Exploring the measurement and correlates of procrastination among school-aged children. *Psychology in the Schools*, 39(4),385-398.

SCHERER, K. R. (2000). Emotions as episodes of subsystem synchronization driven by nonlinear appraisal proceses. In M. D. Lewis, $ I. Granic (Eds.) *Emotion, development, and self-organization: Dynamic systems approaches to emotional development*. Cambrigde University Press, 70-99.

SCHOENFIELD, A.H. (2000). Purposes and methods of research in mathematics education, en Holton, D. (ed.). *Teaching and learning of mathematics at university level*. An ICMI study, 221-236. Dordrecht. Kluwer Academic.

SCHOFIELD, H.L. y START, K.B. (1978). Mathematics Attitudes and Achievement among Student Teachers. *Australian Journal of Education*, 22, 72-82.

SCHULTZ, E. W. y HEUCHER, C. M. (1983). *Child Stress and the School Experience*. New York. Human Sciences Press Incorporated.

SEGOVIA, I. (2008). *Memoria descriptiva del Plan de Mejora de la titulación de Maestro especialidad de Educación Primaria*. Facultad de Ciencias de la Educación. Granada. Universidad de Granada.

SEGURA, M. y ARCAS, M. (2007). *Educar las emociones y los sentimientos*. Madrid. Narcea.

SIMONS, H. (2011). *El estudio de caso: Teoría y práctica*. Madrid. Morata.

SIMONS-MORTON, B. y CHEN, R. (2009). Peer and parent infl uences on school engagement among early adolescents. *Youth & Society*, 41, 3-25.

SMITH, K. (2000). *Effects of a cooperatiave teaching approach on math ansiety in beginning algebra*. Focus on Learning Problems in Mathematics, 22 (2), 1-17.

SOTO, P. (2002). La formación permanente del profesorado, *Cuadernos de Pedagogía*, 315, 44-48.

SOUTHGATE, D. (2009). Determinants of Shadow Education: A Cross-National Analysis. (Electronic Thesis or Dissertation). Retrieved from https://etd.ohiolink.edu/

SPIELBERGER, C. D. (1972). Conceptual and Methodological Issues in Anxiety Research. In C. D. Spielberger (Ed.) *Anxiety: Curret Trends in Theory and Research*, 481-493. New York. Academic Press.

STUART, V. B. (2000). Math curse or math anxiety? *Teaching Children Mathematics*, 6, 5, 330-335.

SUÁREZ, A. (2011). *Diagnóstico Pedagógico: Diagnóstico de las competencias en el lenguaje verbal escrito y matemáticas en educación primaria*. Madrid. La Muralla.

SUÁREZ, A. y FERNÁNDEZ, A. P. (2013). Un modelo sobre cómo las estrategias motivacionales relacionadas con el componente de afectividad inciden sobre las estrategias cognitivas y metacognitivas. *Educación XXI: Revista de la Facultad de Educación*, 16, 231-246.

SUINN, R. M.; TAYLOR, S. y EDWARDS, R. W. (1988). Suinn Mathematics Anxiety Rating Scale for School Students (MARS-E): Psychometric and Normative Data. *Educational and Psychological Measurement*, 48, 979-986.

SWARS, S.; DAANE, C. J. y GIESEN, J. (2010). Mathematics anxiety and mathematics teacher efficacy: What is the relationship in elementary preservice teachers? School Science and Mathematics, 106(7), 306-315.

SZETELA, W. (1973). The Effects of Test Anxiety and Success-Failure on Mathematics Performance in Grade Eight. *Journal for Research in Mathematics Education*, 4, 152-160.

TAPIA, M. y MARSH II, G. (2004). An Instrument to Measure Mathematics Attitudes. *Academic Exchange Quarterly*, 8, Issue 2

http://www.rapidintellect.com/AEQweb/cho253441.htm

TÁRRAGA, R. (2008). Relación entre rendimiento en solución de problemas y factores afectivo-motivacionales en alumnos con y sin dificultades del aprendizaje. Andalucía Occidental y Universidad de Sevilla. *Colegio Oficial de Psicología*, 26, (1), 143-148.

THOMPSON A. G. (1992). Theacher's beliefs and conceptions: a synthesis of the research. En D. A. Grouws, (ed.), *Handbook on mathematics teaching and learning*. New York:. Macmillan, 127-146.

THOMAS, B. y COSTELO, J. (1988). Identifying Attitudes to Mathematics.

Mathematics Teaching Teacher, 41, 98-99.

TOBIAS, S. (1976). Math Anxiety: Why is a smart girl like you counting on your fingers? *Ms Magazine*, 5, 3, 56-69, 92.

TOBIAS, S. (1978). *Overcoming Math Anxiety*. New York. Norton.

TOBIAS, S. (1985). Test anxiety: Interference, defective skills, and cognitive capacity. *Educational Psychologist*, 20, 135-142.

TOBIAS, S. (1993). *Overcoming Math Anxiety*. 2nd ed. New York. Norton & Co.

TODOLÍ BOFÍ, D. (2009) ¿Cuántas patas tiene un caracol? *Padres y maestros*, 324, 14-17.

TRUTTSCHEL, W. J. III. (2002). *Mathematics Anxiety at Chipewa Valley Technical College*. http://www.uwstout.edu/lib/thesis/2002truttschelw.pdf.

TSAI, S. y WALBERG, H.J. (1983). Mathematics Achievement and Attitude Productivity in Junior High School. *Journal of Educational Research*, 76, 267-272.

TYSON, N. (2001). Fear of Numbers. *Natural History*, 110 (10), 30-32. Retrieved June 17, 2002 from: EBSCOhost Academic Search Elite.

U.M.C. (Unidad de Medición de Calidad Educativa) (2001). *Fundamentación de la Evaluación de Actitudes en la Evaluación Nacional del 2001*. Ministerio de Educación Perú. (www.minedu.gob.pe/umc/2001/doctec/evanac2001_fundamentacion.pdf)

VAN EERDE, W. (2003). A meta-analytically derived nomological network of procrastination. *Personality and Individual Differences*, 35, 1401-1418.

VICENTE, L. (1995). *Palabras y creencias*. Murcia. Universidad de Murcia.

VIGIL-COLET, A.; LORENZO-SEVA, U. y CONDON, L. (2008). Development and validation of the statistical anxiety scale. *Psicothema*, 20(1), 174-186.

VINSON, B. (2001) A comparasion of preservice teachers mathematics anxiety before and after a methods Class emphasizing manipulatives. *Early Childhood Education Journal*, 29 (2) 89-94.

WATSON, J. M. (1988). Achievement Anxiety Test: Dimensionality and utility. *Journal of Educational Psychologist*. 4, 585-591.

WATT, H. M. G. (2000). Measuring attitudinal change in mathematics and English over 1st year of junior high school: A multidimensional analysis. *The Journal of Experimental Education*, 68(4), 331-361.

WEINER, G. (2010). Gender and education in Europe: a literatura overview. Gender Differences in Educational Outcomes. *Eurydice*, 15-32.

WELLS, D. (1994). Anxiety, insight and appreciation. Angst, Einsicht und richtige Beurteilung. *Mathematics Teaching* 147, 8-11.

WILKINSON, D. YBIRMINGHAM,P. (2003). *Using research instruments: a guidefor researchers*. London. RoutledgeFalmer.

WINE, J. D. (1980). Cognitive-Attentional Theory of Test Anxiety. In I. G. Sarason

(Ed.) *Test Anxiety: Theory, Research and Applications*, 349-385. Hillsdale. N. J.: Lawrence Erlbaum Associates.

WISE, S. L. (1985). The Development and Validation of a Scale Measuring Attitudes toward Statistics. *Educational and Psychological Measurement*, 45, 401-405.

WHITE, J (1997). Retention and attitudes toward mathamatics and computers: their relationship with using computers in introductory college mathematics courses. En *Electronic Proceedings of the Tenth Annual International Conference on Technology in Collegiate Mathematics* (http://archives.math.utk.edu/ICTCM/EP-10/C15/pdf/paper.pdf

WOOD, E. F. (1988). Math anxiety and elementary teachers: What does research tell us? *For the Learning of Mathematics*, 8(1), 8-13.

WOODARD, T. (2004). The Effects of Math Anxiety on Post-Secondary Developmental Students as Related to Achievement, Gender, and Age. *Inquiry*, 9, 1. http://www.vccaedu.org/inquiry/inquiry-spring2004/i-91-woodard.html.

WUBBELS, T. y BREKELMANS, M. (2005). Two decades of research on teacher-student relationships in class. *International Journal of Educational Research*, 43, 6-24.

YAMAMOTA, L.; YASUKO, A. y JOANNE, D. (2002). Effects of relaxation, positive self-statement, ans distraction on math performance. *Psichology amd Education: An Interdisciplinary Journal*, 39 (2), 27-35.

YARA, P. O. (2009). Mathematics ansiety and academic achievement in some selected senior secondary schools in Southwestern Nigeria. *Pakistan Jounal of Social in Sciencies*, 6(3), 133-137.

YAZICI, E. y ERTEKIN, E. (2010). Gender Differences of Elementary Prospective Teachers in Mathematical Beliefs and Mathematics Teaching Anxiety. *International Journal of Human and Social Sciences* 5:9, 610-613

YI, P. (1989). *Actitudes hacia las matemáticas en una muestra de alumnas de quinto año de Secundaria y de sexto grado de Primaria del distrito de Jesús María. Memoria de Bachillerato de Psicología*. Lima. Universidad Pontificia Católica del Perú.

YIN, R. K. (2011). *Qualitative research from start to finish*. NuevaYork. Guilford Press.

ZABALA, A. (1995). *La práctica educativa*. Cómo enseñar. Barcelona. Graó.

ZABALZA, M. (1994). *Evaluación de actitudes y valores. Evaluación del aprendizaje de los estudiantes*.Barcelona. Graó.

ZAKARIA, E. y NORDIN, N. M. (2008) The Effects of Mathematics Anxiety on Matriculation Students as Related to Motivation and Achievement. *Eurasia Journal of Mathematics, Science & Technology Education* 4 (1), 27-30.

ZAN, R..; BROWN, L.; EVANZ, J. y HANNULA, M. S. (2006). Affect in mathematics education: an introduction. *Educational Studies in Mathematics*, 63, 113-121.

ANEXO I

CUESTIONARIO SOBRE LAS ACTITUDES
DE LOS ALUMNOS DE ESO
HACIA LAS MATEMÁTICAS

Estamos realizando una investigación sobre

experiencias que pueden causar temor o aprehensión ante

las matemáticas. También queremos conocer cómo aprendes

matemáticas, tus actitudes y tus creencias.

Te agradeceríamos que colaborases con nosotros contestando este

cuestionario que te presentamos.

Es necesario que respondas a todas las preguntas con la mayor

sinceridad.

Para contestar sigue las instrucciones que figuran en el interior.

Tus respuestas serán tratadas de forma confidencial.

Procura utilizar toda la escala de 1 a 5, matizando así tus respuestas.

PROFESIONES

C1

- Empresarios de grandes y medianas empresas de industria y comercio.
- Profesiones liberales (médicos, abogados, notarios, arquitectos, etc.)
- Directores de grandes y medianas empresas.
- Militares o fuerzas armadas desde Comandante a General inclusive.
- Otras profesiones de rango similar.

C2

- Empresarios de pequeñas empresas.
- Militares desde alférez a capitán inclusive.
- Técnicos medios (con estudios o títulos tipo medio).
- Agentes comerciales, representantes y viajantes.
- Otras profesiones de rango similar.

C3

- Empleados de oficina.
- Dependientes de comercio.
- Comerciantes e industriales sin asalariados.
- Militares o fuerzas armadas (suboficiales).
- Fuerzas armadas sin graduación (guardias civiles, policía urbana, etc.).
- Otras profesiones de rango similar.

C4

- Subalternos de oficina.
- Peones y obreros no cualificados de la industria.
- Personal de servicios domésticos (amas de casa, porteros, mujeres de servicios, carteros, barrenderos, etc.).
- Otras profesiones de rango similar.

DATOS PERSONALES Y ACADÉMICOS

1. Centro donde estudias...

2. Curso.. ☐

3. Sexo... h ☐ m ☐

4. Calificación que obtuviste en Matemáticas en el curso pasado....................... ☐

5. Estudios de tu padre:

    1. Sin estudios o muy pocos.. ☐

    2. Primarios... ☐

    3. Formación Profesional.. ☐

    4. Bachillerato.. ☐

    5. Universitarios.. ☐

6. Estudios de tu madre:

    1. Sin estudios o muy pocos.. ☐

    2. Primarios... ☐

    3. Formación Profesional.. ☐

    4. Bachillerato.. ☐

    5. Universitarios.. ☐

7. ¿Qué profesión tiene tu padre?....................................... ☐

8. ¿Qué profesión tiene tu madre?...................................... ☐

Antes de continuar, lee, por favor, atentamente las siguientes instrucciones:

En esta parte figuran una serie de afirmaciones sobre experiencias y sensaciones relacionadas con las matemáticas o con la clase de matemáticas.

Lo más importante es que digas lo que haces o piensas.

MODO DE RESPONDER

Al lado de cada afirmación se presentan cinco opciones, en una escala de 1 a 5. Lee cada frase detenidamente y a continuación rodea el número que mejor se relacione con lo que tú haces o piensas.

Debes escoger sólo uno.

1. Nada
2. Un poco
3. Regular
4. Bastante
5. Mucho

Gracias por tu colaboración.

CUESTIONARIO DE ACTITUD HACIA LAS MATEMÁTICAS

1. Las matemáticas serán importantes para mi profesión	1	2	3	4	5
2. El profesor me anima para que estudie más matemáticas	1	2	3	4	5
3. El profesor me aconseja y me enseña a estudiar	1	2	3	4	5
4. Las matemáticas son útiles para la vida cotidiana	1	2	3	4	5
5. Me siento motivado en clase de matemáticas	1	2	3	4	5
6. El profesor se divierte cuando nos enseña matemáticas	1	2	3	4	5
7. Pregunto al profesor cuando no entiendo algún ejercicio	1	2	3	4	5
8. Entiendo los ejercicios que me manda el profesor para resolver en casa	1	2	3	4	5

9. El profesor de matemáticas me hace sentir que puedo ser bueno en matemáticas	1	2	3	4	5
10. El profesor tiene en cuenta los intereses de los alumnos	1	2	3	4	5
11. En primaria me gustaban las matemáticas	1	2	3	4	5
12. Me gusta cómo enseña mi profesor de matemáticas	1	2	3	4	5
13. Espero utilizar las matemáticas cuando termine de estudiar	1	2	3	4	5
14. Después de cada evaluación, el profesor me comenta los progresos hechos y las dificultades encontradas	1	2	3	4	5
15. El profesor se interesa por ayudarme a solucionar mis dificultades con las matemáticas	1	2	3	4	5
16. Saber matemáticas me ayudará a ganarme la vida	1	2	3	4	5
17. Soy bueno en matemáticas	1	2	3	4	5
18. Me gustan las matemáticas	1	2	3	4	5
19. En general, las clases son participativas	1	2	3	4	5

ANEXO II

CUESTIONARIO SOBRE LAS ACTITUDES
DE LOS ALUMNOS DE ESO
HACIA LAS MATEMÁTICAS

Estamos realizando una investigación sobre

experiencias que pueden causar temor o aprehensión ante

las matemáticas. También queremos conocer cómo aprendes

matemáticas, tus actitudes y tus creencias.

Te agradeceríamos que colaborases con nosotros contestando este

cuestionario que te presentamos.

Es necesario que respondas a todas las preguntas con la mayor

sinceridad.

Para contestar sigue las instrucciones que figuran en el interior.

Tus respuestas serán tratadas de forma confidencial.

Procura utilizar toda la escala de 1 a 5, matizando así tus respuestas.

PROFESIONES

C1

- Empresarios de grandes y medianas empresas de industria y comercio.
- Profesiones liberales (médicos, abogados, notarios, arquitectos, etc.)
- Directores de grandes y medianas empresas.
- Militares o fuerzas armadas desde Comandante a General inclusive.
- Otras profesiones de rango similar.

C2

- Empresarios de pequeñas empresas.
- Militares desde alférez a capitán inclusive.
- Técnicos medios (con estudios o títulos tipo medio).
- Agentes comerciales, representantes y viajantes.
- Otras profesiones de rango similar.

C3

- Empleados de oficina.
- Dependientes de comercio.
- Comerciantes e industriales sin asalariados.
- Militares o fuerzas armadas (suboficiales).
- Fuerzas armadas sin graduación (guardias civiles, policía urbana, etc.).
- Otras profesiones de rango similar.

C4

- Subalternos de oficina.
- Peones y obreros no cualificados de la industria.
- Personal de servicios domésticos (amas de casa, porteros, mujeres de servicios, carteros, barrenderos, etc.).
- Otras profesiones de rango similar.

DATOS PERSONALES Y ACADÉMICOS

1. Centro donde estudias...

2. Curso.. ☐

3. Sexo.. h ☐ m ☐

4. Calificación que obtuviste en Matemáticas en el curso pasado........................ ☐

5. Estudios de tu padre:

    1. Sin estudios o muy pocos... ☐

    2. Primarios... ☐

    3. Formación Profesional... ☐

    4. Bachillerato... ☐

    5. Universitarios.. ☐

6. Estudios de tu madre:

    1. Sin estudios o muy pocos... ☐

    2. Primarios... ☐

    3. Formación Profesional... ☐

    4. Bachillerato... ☐

    5. Universitarios.. ☐

7. ¿Qué profesión tiene tu padre?.. ☐

8. ¿Qué profesión tiene tu madre?... ☐

Antes de continuar, lee, por favor, atentamente las siguientes instrucciones:

En esta parte figuran una serie de afirmaciones sobre experiencias y sensaciones relacionadas con las matemáticas o con la clase de matemáticas.

Lo más importante es que digas lo que haces o piensas.

MODO DE RESPONDER

Al lado de cada afirmación se presentan cinco opciones, en una escala de 1 a 5. Lee cada frase detenidamente y a continuación rodea el número que mejor se relacione con lo que tú haces o piensas.

Debes escoger sólo uno.

1. Nada
2. Un poco
3. Regular
4. Bastante
5. Mucho

Gracias por tu colaboración.

CUESTIONARIO DE ANSIEDAD HACIA LAS MATEMÁTICAS

1. Me pongo nervioso cuando pienso en el examen de matemáticas el día anterior	1	2	3	4	5
2. Me siento nervioso cuando me dan las preguntas del examen de matemáticas	1	2	3	4	5
3. Me pongo nervioso cuando abro el libro de matemáticas y encuentro una página llena de problemas	1	2	3	4	5
4. Me siento nervioso al pensar en el examen de matemáticas, cuando falta una hora para hacerlo	1	2	3	4	5

5. Me siento nervioso cuando escucho cómo otros compañeros resuelven un problema de matemáticas	1	2	3	4	5
6. Me pongo nervioso cuando me doy cuenta de que el próximo curso aún tendré clases de matemáticas	1	2	3	4	5
7. Me siento nervioso cuando pienso en el examen de matemáticas que tengo la semana próxima	1	2	3	4	5
8. Me pongo nervioso cuando alguien me mira mientras hago los deberes de matemáticas	1	2	3	4	5
9. Me siento nervioso cuando reviso el ticket de compra después de haber pagado	1	2	3	4	5
10. Me siento nervioso cuando me pongo a estudiar para un examen de matemáticas	1	2	3	4	5
11. Me ponen nervioso los exámenes de matemáticas	1	2	3	4	5
12. Me siento nervioso cuando me ponen problemas difíciles para hacer en casa y que tengo que llevar hechos para la siguiente clase	1	2	3	4	5
13. Me pone nervioso hacer operaciones matemáticas	1	2	3	4	5
14. Me siento nervioso al tener que explicar un problema de matemáticas al profesor	1	2	3	4	5
15. Me pongo nervioso cuando hago el examen final de matemáticas	1	2	3	4	5
16. Me siento nervioso cuando me dan una lista de ejercicios de matemáticas	1	2	3	4	5

17. Me siento nervioso cuando intento comprender a otro compañero explicando un problema de matemáticas   1   2   3   4   5

18. Me siento nervioso cuando hago un examen de evaluación de matemáticas   1   2   3   4   5

19. Me siento nervioso cuando veo/escucho a mi profesor explicando un problema de matemáticas   1   2   3   4   5

20. Estoy nervioso al recibir las notas finales (del examen) de matemáticas   1   2   3   4   5

21. Me siento nervioso cuando quiero averiguar el cambio en la tienda   1   2   3   4   5

22. Me siento nervioso cuando nos ponen un problema y un compañero lo acaba antes que yo   1   2   3   4   5

23. Me siento nervioso cuando tengo que explicar un problema en clase de matemáticas   1   2   3   4   5

24. Me siento nervioso cuando empiezo a hacer los deberes   1   2   3   4   5